在该打拼的年纪选择稳定，这辈子你穷得果然很稳定

武芳芳

主编

江苏人民出版社

目 录
CONTENTS

第三部分

生命中有裂缝，阳光才能照进来

第四部分

看似风光的背后，是无数的血和泪

第一部分

比贫穷更可怕的是,
你没有上进心又不肯努力

唯有努力，不负光阴

李月亮

001/

一个女孩，考研失败，又失业半年。银行卡、支付宝、微信钱包上的钱，加起来还剩 307 元，连泡面都快吃不起了。

上周她去一家小公司应聘设计岗位，提前精心准备了作品，还研究了对方公司以前的设计产品，花很多心思将那些产品重新设计了一遍，早上化好妆，穿着最贵的衣服，战战兢兢地去应战。

可是面试官只敷衍地问了她两个问题，就让她走了。

从进门到出去，全程不过三分钟。

显然，失败。

她心疼来回四元钱的公交费。

回去的路上，大学舍友给她打电话，欢天喜地不见外地说：我下个月结婚啦，你赶紧给我准备大红包哦。

她的心揪成一团，却还是打起精神说恭喜恭喜，必须必须。

舍友不知道，也是在大学时就恋爱的她和男友四个月前隐婚，春节前刚刚离了。对方劈腿。

挂掉电话，她终于绷不住，一个人坐在喧嚣的马路边，涕泪滂沱。

晚上她给我留言说，月亮姐，人生怎么这么难，我怎么这么惨，快熬不下去了。

002/

我当时正在看一篇关于胡迁的文章。

胡迁，不著名导演，很有艺术天分，但好几次自己筹划的电影，都因无人赏识、资金不足而"胎死腹中"。

他出版过两本书，受到业界的好评，但稿费微薄。

总之，典型的怀才不遇，穷困潦倒。

他在微博里写：

这一年，出了两本书，拍了一部艺术片，新写了一本，总共拿了两万元的版权稿费，电影一分钱没有，女朋友也跑了。今天蚂蚁微贷都还不上，还不上就借不出……

穷还是其次，可怕的是，那部"一分钱也没有"的电影，还让他和制片方争执不休，矛盾重重，这件事最终成了压倒他的最后一根稻草。

2017 年 10 月 12 日，胡迁整理好头发和笔记，用楼道里一根挂了很久的绳子套住头，自缢身亡。

胡迁，这个身高 1 米 89 的 29 岁帅气大男生，"被装在袋子里，躺在一个阴暗房间的角落。后面的墙上是许多用来冷冻身体的铁格子。"

然而，2018 年 2 月，胡迁的遗作《大象席地而坐》获柏林电影节论坛单元最佳影片奖。电影节官方称赞这部作品"视觉效果震撼""是大师级的"。

可是，胡迁不会知道了。

我和胡迁的书同属一家出版社。得知影片获奖那天，出版社的编辑在群里深深惋惜：太遗憾了，这个傻子，他再多撑五个月，天就亮了啊。

是啊，天马上就亮了啊。偏偏他就倒在了太阳升起前的一分钟。

其实我知道他临走前的感觉——可能无数人都曾有过这样的时刻吧：孤立无援，糟糕透顶，像是被深埋地下，四周好像全是拒绝，全是刁难，全是封死了的墙壁。

你觉得自己快要死了。

但是，无数人的经验告诉我们：这困境，一定会过去。

你只要坚持住，迟早会有不知从哪里伸出的一只温暖的手，说，跟我来吧。

然后，天亮了。

003/

我家楼下有个阿姨，活得特别快乐，喜欢穿艳丽的花衣服，跟谁都爱开玩笑，我每次看到她都心情大好。

有次我和我妈散步，碰上那阿姨，她嘻嘻哈哈地告诉我们，女儿抱了一只猫回来，3 岁的外孙子非说他也是猫，趴地上在猫碗里吃饭，拉都拉不起来，她只好假装吃了一口猫粮，又假装中毒倒地抽搐了十分钟，才吓住外孙。

阿姨边说边学着抽搐，笑得我不行。

她走后，我妈说其实这阿姨挺不幸的，年轻时老公就发急病去世了，她靠打零工养大了一儿一女。结果前几年，刚结婚的儿子又车祸去世，现在女儿也离婚了，状态很不好。她在这边陪女儿，也带外孙，一个家全靠她撑着。

我完全没想到。

一直以为那个阿姨每天春光满面是很幸福的。

原来那个开怀大笑的人，心里捂着这样的疤。

那天，看着身边走来走去的人，我就想，这些平静神色后面，谁在下雪，谁又在结冰呢？

后来我和阿姨聊过一次。我赞她心态好。她说，老公刚走时也不行，就知道哭，想死，但又不忍心扔下孩子，只能咬牙撑着，闭着眼睛往前走，最后走着走着也就走出来了。

而经历过老公、儿子去世这种打击，现在已经没什么能打倒她了。

她说刚刚给女儿介绍了个相亲对象，俩人聊得很好，女儿的状态大有好转，她特开心。

——这可能就是苦难使人强大的意义。当你经历过、应对过苦难，你就有了经验和底气，下次它再来，你就不那么怕了，因为你知道所谓的困难也无非如此，也知道如何去击败它。至少，不被它击败。

我们不必感谢苦难，但应该直面它，并借势成长。

004/

那天，我把写胡迁的文章发给了开篇那个只剩 307 元的姑娘，对她说：越艰难的日子，越要相信会有好的事情发生。所以，好好活着，好好等着。

而就在昨天，她又留言给我，说终于找到了新工作，是期望已久的，她投了三次简历才得到机会，试用期的工资都很高呢。

我忽然想到那句广告词：跑下去，天会亮。

网上有很多关于"最难的时候，你是怎么熬过来的"的话题。

有人说靠吃东西，一个月胖了十五斤。

有人说靠写东西，把坏情绪都写在本子上，让它去承担。

有人单曲循环一首外国民谣，直到每个单词都能准确拼出来。

有人读书，有人画画。

有人听相声，有人打游戏。

有人疯狂健身，有人疯狂工作……

但是更多人，其实没任何技巧，就是笨笨地熬，就是每一天都强迫自己去做该做的事。该上班上班，该学习学习，该投简历投简历，该发传单发传单。

就是粗糙地迟钝地麻木地坚持，不停止，不放弃，就算泪流满面，也闷着头固执向前。

然后，那些艰难，不知何时，就过去了。

005/

人这辈子，谁不得有那么几回被苦难教做人，那种被生活一巴掌连着一巴掌呼得满地找牙的感觉特别不好，但是你要记得，无论境况多糟糕，只要不认怂，生活就没办法撂倒你。

再艰难的困境，走下去就是柳暗花明。

关键是，你要挺住，不要停。

- END -

作者：李月亮

高人气专栏作家，新女性主义者，扎实写字的手艺人。解读情感，透视人性，以理性和智慧陪万千女性成长。

微信公众号：李月亮。

人生没有白走的路，每一步都算数

苏心

001/

经常，会有人这样问我：苏心姐，写作有捷径吗，人生有捷径吗？我日日重复着自己不喜欢的工作，感觉好累呀，有种撑不下去的感觉。

对于这种问题，我的答案只有一个：写作没有捷径，只有多读，多看，多练。人生，亦如是。

其实，这个问题，也曾在我心里百转千回过。我多么渴望有一条捷径，能一下子把我摆渡到幸福的彼岸。

刚参加工作时，我在市场部做订单审核员。公司每张订单，都要一项项审核。配置、价格、参数、技术支持，哪一项不合格都要退回去。

那些眼花缭乱的数字，每天都把我弄得头大。订单多的时候，中午饭都顾不上吃，要快速审核，不能让客户等待的时间太长。

每天下班回到家，我第一个动作就是把包随手一扔，整个人窝在沙发上，再也不愿多说一句话。

因为职务低，资格浅，操着领导的心，却也只挣着普通员工的钱。失眠时，我就站在窗前，仰望苍茫的星空，问：老天，我什么时候才能过上自己想要的生活啊？

彼时，我脑子里只有一个念头：辞职，逃离这个鬼地方。辞职的念头几乎每天都会出现，每次我都忍住了。辞职容易，可辞职后呢，喝西北风能管饱吗？

我看不到前途，却也没有退路，就闭着眼走一步算一步。

日子一天天过去，我的业务渐渐熟练起来，焦虑似乎得到一些缓解。终于有了空暇的时间，我开始拾起曾经的爱好——写作，陆续给一些报刊投稿。

两年后，我调换了部门，到了研发部。虽然这不是我的专业，但我有做审核员的经验，工作起来也算顺手。

不久，我升了职，加了薪，我的世界变得宽广多了。我甚至想，如果这样一点点地去努力，我也会过上自己想要的生活吧。

002/

但人生，从来不是按既定的剧本进行。

六年前，我又被调到一个陌生的部门，从头开始。

这个部门的专业性更强，面对着很多没有一点概念的数据，我哭过好多次。这些年，我在工作上已经拼尽了全力，我不知道，该如何跨越眼前这道沟。

这时，我的母亲因病去世。在那之前，我没有洗过几次碗，更不要说技术含量高一点的家务活了。人生三十几载，我完全依赖于母亲。

还有我的婚姻，被套上了七年之痒的魔咒，夫妻关系剑拔弩张。

我简直快要崩溃了。

每天我都精神恍惚，脑子里一片茫然，只要一坐下来，眼泪就会不由自主地流出。我的人生，走进了灰暗的死胡同。

我找不到可以倾诉的人，也不想倾诉，经常漫无目的地在街上来来回回地走。那么多悲伤压在心头，那么多烦恼无处消除，我感觉自己要疯了。

而这些东西，像一股洪流猛烈地在我内心奔涌，急须找一个出口。

后来我就对着电脑屏幕倾诉，然后把这些心情写下来，发在我的QQ空间里，每天一篇。

写着写着，我的内心慢慢安静了，似乎，也没有那么多悲伤了。

原来，文字竟然是治疗悲伤的良药。它让那些口不能言的、泪不敢流的感情都得到了宣泄。正是那几年疯狂地写字，成了我写作进步最快的时期。

后来，开始有报纸给我开专栏，有杂志主动找我约稿，有人请我去讲课。

时间是良药。

如今的我，很少有悲伤难抑的时候了，每天脑子里想做的事，一件件数不过来。忙着学习，忙着提升，忙着工作，忙着写字，忙着让自己变得更好。

我累，并快乐着，再也不会傻傻地寻找那条所谓的捷径了。

因为，我已经懂得，这个世界根本没有什么从天而降的运气，谁的成就也不是凭空而来。都是从前经历的累积，是在某一个瞬间叠加，然后显现出了成果。

003/

我曾经受邀做过一家集团公司的社会监督员，顺便采访过那里的老总。

他是一位年过古稀的老人，读书时正赶上不能参加高考的时代。高中毕业后，他进了一家集体企业工作，却因为家庭成分问题，一直不能转正。在八十年代改革开放的浪潮下，他带领十几个人，开了一家小商场。

三十年间，他一直向国内外优秀企业学习，摸索创立出一套先进的理念和经营模式，让一个狭窄逼仄的小店，一步一个脚印，发展成了数万人的企业集团。

他们公司的案例，被写进很多商学院的教材，他本人被聘请为多所大学的客座教授。

那位老总说，一个人最重要的，是保持终生学习的能力。他失去过高考的机会，失去过参军的机会，失去过转正的机会，但他一直不慌不忙地在坚持努力，时时刻刻积累经验。

他曾经受过的累、吃过的苦，想得而未得到的，命运最终都打包给了他。

音乐人李宗盛说：时过境迁，终于明白，人一生中每一个经历过的城市都是相通的，每一个努力过的脚印都是相连的，它一步步带我走到今天，成就今天的我。

是啊，天下之至拙，能胜天下之至巧。

小聪明的人，总是试图寻找捷径，遇到困难想方设法跳过这一步，就像建一座大厦一样，重要环节松松垮垮，稍有点风吹草动，就会坍塌。真正聪明的人从不投机取巧，他们一点一滴、一砖一瓦建设起自己的高楼。

人生没有白走的路，每一步都算数。

不必焦虑太远的明天，在人生的每一段时光里，安排好自己，不辜负岁月，一直走下去。

走过寒冬，走进春天，走着走着，花就开了。

作者：苏心

高人气专栏作家。

微信公众号：苏心。

请停止无效的努力，盲目的努力只会让你一生碌碌无为

武芳芳

001/

刚刚走进公司，就看见几个同事凑在一起叽叽喳喳议论着什么，虽然对八卦不感兴趣，但断断续续的信息还是飘进我的耳朵，我大概整理出事件梗概：就在几分钟前，一个西装革履的男人开着××轿车送小刘的女友来公司和小刘提出了分手，原因是，小刘不求上进，跟着他吃了这么多年的苦，却没有一点变化，她过够了这种苦日子。

这种狗血的剧情居然会发生在现实生活里，我不由自主地回头看了一眼小刘的位置，空的。

我的位置在窗户旁边，我侧目从 16 楼看下去。

阳光有点儿刺眼。

人群密集，绿荫斑驳，大理石台阶旁，一辆黑色的××轿车在阳光下反射着刺目的光，车头倚靠着一个男人，长相一般，打扮得体，西

装革履皮鞋，一副成功人士的样子。

在这个年龄能靠自己的能力买得起××轿车的人确实算得上成功人士。

小刘和他女朋友在角落里吵得厉害，隔得太远听不清吵些什么。我皱眉，不禁摇了摇头。

其实小刘是个很努力的男生，他比我小一岁。平时工作也很用心，属于从不偷懒耍滑的那种，是个老实人。

他的学历不高，高中毕业就出来找工作了。低学历又没有一技之长的外来者想在北京立足是一件不容易的事。平时工作上他也不怕辛苦，什么活儿都揽着干，我能帮的都帮他一把，毕竟每个人的努力都值得尊重。

大概因为我经常提点他，他对我也毫无戒心，休息的时候也会闲聊上几句。

听他说，刚来北京的时候，什么工作他都做过，服务生、发传单、送餐、送快递，只要看到工资高的，他都卯足了劲儿往前冲。

我问他为什么这么拼？

他说要让他女朋友过上好日子。

他还说，他的女朋友很漂亮，是当时班里最漂亮的女生。

他说这句话的时候，憨厚而清秀的脸上，两只眼睛在闪光。

然后他又变得很沮丧，他说，他努力了很久，却依然做着最低薪的工作，虽然比以前轻松了很多，可他从没放松自己，能做的就多做一点，这样也能学到一些东西。可是别人努力后的成果那么显著，而自己也在努力，却和别人的成果有很大的落差，真的是想不通自己哪里做错了。

是的，他有多努力我是看在眼里的。

可是他却并不清楚自己下一步要做什么，自己努力的目的是什么，自己下一步提升的目标是什么。我也曾和他讲过，他却总以自己能力不够推诿，认为自己做好本职工作才是当下应该做的事。

他不明白的是，没有目标的盲目努力，都是在浪费生命。

我劝说几次无果，便放弃了。

002/

小刘和女朋友分手之后，沉寂了很长一段时间，有几次还听说他打算回老家，或许因为不甘心，他最终还是留在了北京，他说，自己要改变，要提升，要以最快的速度获得成功，我自然支持。

近年来网络上各种线上教育、知识付费的平台很多。小刘平时很喜欢看微信公众号，很多知名公众号里的文章都有很多广告，内容水平参差不齐，寻常的读者很难分辨其中优劣，可是却有很多想要获得提升自我的年轻人趋之若鹜。

没几天，小刘找到我，跟我说他找到了迅速提升自己的办法。

我觉得疑惑，哪有什么事情是说成功就能成功的，于是向他询问。

小刘抱来厚厚一叠资料，眼神很坚定："以前总觉得看不看书不重要，现在才发现，很多我不懂的东西，书里面都有讲。我最近在一个公众号看见一个学习平台叫"××微课"。里面有好多课程只要支付几百元就可以学了，我前几天买了一些课程，有教投资的，有提升口才的，有写作课，有励志讲座，还有很多专业技能课。我报了十几门课程，现在正跟着学习呢。我还花了几百元在一个音频平台买了一些知名学者专家的课，那些课程都可火了！"

我一听，顿时皱起了眉。

"花钱买那么多课，你确定自己能学完吗？"

"我最不怕的就是努力，我相信我可以的。"小刘眼里满是决心。

"就算你有时间有毅力去学这些课程，你学习他们的目的是什么，你想清楚了吗？"

"当然清楚啊，我就是要提高自己的能力，提升自己。"

我有些头大，这孩子就是一根筋，有点跟他讲不清楚，我耐着性子跟他讲："小刘，首先，你这样杂乱无章的学习，没有目标，吸取的知识没经过仔细筛选，哪怕学会了，对你的帮助也不大，而且，你想用这样速成的方式获得成功是行不通的。"

"姐，我以为你会支持我，你怎么光泼我冷水呢，我买这么多课就是想要多学一些知识，在最快的时间里充实自己。现在很多人都是这样的。大城市的人工作都那么忙，只能像我一样，去一些付费平台，阅读文章学习知识。而且我现在也没别的办法，只能通过这样的方式快速获得我想要的。我觉得这样并没有什么问题啊！"

"我并不是说你这样做不对，只是觉得不应该急于求成，一口吃成大胖子。如果想要学习的话，可以一步步来，先掌握一门，学透了再学别的。你报这么多一起学，别到时候一样都没有学好。"对此我感到很无奈。

"我们上学的时候还不是语文数学英语什么的一起学的，我觉得这样没什么不好的。而且我没有太多的时间学习，我已经落后别人太多了。"

我被他说得哑口无言，见他意志坚定，不会轻易被人说动，而且他已经付费，我也不好再说什么了。

没过几天，我就听同事说小刘这几天工作状态很不好，上班时间睡觉被领导看见，把他叫到办公室谈话了。

小刘在那些付费平台上的课，学了几天便没有坚持下去。

不是不努力，也不是坚持不了，而是每一门课程都太广泛，不懂的时候，觉得很简单，可是懂得越多，就会发现问题越深奥。接触得越久，就会越无力。

他眼里都是沮丧，向我求助："别人在努力，我也在努力，但是别人为什么那么成功，而我却不行。"

"因为别人的努力都是有方向，有目的性的。学习应该有自己的规划，而不是盲目地去努力。像你这样漫无目的地充实自己，无疑是大海捞针，让自己的未来更没有目标，更加茫然，所以，停止这无效的努力吧！"

"那我该怎么做？我不想放弃自己。"小刘痛苦地抓着自己的头发。

"找到自己的特长和优势，先给自己树立一个小目标，等小目标达成了再来找我。"我微笑着对他说。

看小刘若有所思地离开，我真心地希望他能发现自己的问题，并迅速得到提升和改变。

窗外的阳光正好，我抿了一口咖啡，苦味悠远绵长，满口余香。我推开窗户，深深地吸一口新鲜的空气，靠在了椅子上。

003/

不知道是不是我的话起了反作用，小刘没多久就辞职了。

我暗暗叹息一声，很快便把这件事抛到了脑后，小刘这个人也渐渐淡出了我的记忆。

直到一年半后一个下午，我约见一个出版公司的项目经理谈意向合作，这是一本名家的作品，一般来说，只要签约，名家的作品要出版只是时间的问题，可那家公司的项目经理却点名要和我们公司合作。

见面之前，我只知道那个经理姓刘。

而当我见到他的那一刻，简直不敢相信自己的眼睛。

那个唯唯诺诺的清秀男孩，看到我微微一笑，笑容还像一年前那么憨厚腼腆，他喊道："姐！第一个目标，像你一样做个项目经理，我达成了。第二个目标，我希望能和你一起合作，做一本畅销的名家作品，你愿意吗？"

他是小刘。

我真没想到才一年半的时间，那个只有高中文凭，什么都不会男孩子，转身一变，成了一个优秀的策划人。

我大为惊讶，不由得脱口而出："你是怎么做到的？！太难以置信了。"

"这可多亏了你。说真的，在那之前，我完全没有目标，也不知道自己能做什么，该做什么。这么多年做了那么多行业，学的东西杂七杂八的，真的有用的却没多少，唯一系统一点的知识就是跟你在这个公司学到的。因为经常给你打下手，了解最多的也是关于策划图书方面的事儿，所以我干脆就想，从这方面入手。可是我怕你笑我不知天高地厚，就想去个没人认识的小出版公司，从底层做起。"他摸摸头，笑得有些不好意思。

"你做得很好。目标没有大小，只要觉得自己能做到，并且有去做的决心，那还怕什么呢？"我欣慰地笑，"没想到有一天，我也要沾你的光，这个作者可不好签呢！"

"认准一个作者，去接近，去沟通，长久的努力和坚持，可以让我们做到很多不可能做到的事。我没别的能力，有的就是恒心和不怕吃苦的决心。你让我明确了自己的目标，我的努力有了方向，成功的几率自然大了很多。"小刘笑着说。

以前的他很努力，但是努力得没有方向，不知道自己的定位在哪里。只知道自己很贫乏，迫切地想要充实和提高自己，却总是摸不到门路。

直到我点醒了他。

小刘说，其实，这一年半的时间，很多时候，他感觉自己已经很努力了，可是明明很简单的一件事，他看我做起来很容易，可在他看来，却比登天还难。

那段时间，他很迷茫，很沮丧，但是不想让自己的努力半途而废，更不想看到我的失望，所以他坚持下来了。而且他的努力没有白费，这一年里，他给很多编辑做过助理，给很多策划打过下手，跳过很多次槽，受过很多白眼，哪怕没有工资，也咬牙干下去，因为他的目标很明确。

终于，他做到了。

004/

他一直记得和我的那个约定，达到第一个目标，就来找我。

我看着小刘现在西装革履的样子，突然八卦心爆棚，我记得当初小刘被分手后痛哭流涕的样子，忍不住好奇心，忍了又忍，还是促狭地问道："出了这本书之后，打算做什么？我记得你当初奋起努力，都是为了你的小女友吧？"

小刘尴尬地笑了笑，没想到我也会对他的私事感兴趣："分开后我们没有删除联系方式，我舍不得，她也没删我，后来，我看到她和那人分手了。或许是看到我的改变，她也曾回头找我。但是，我觉得，她要的并不是那个盲目努力的我，也不是这个认准目标去奋斗的我，她需要一个成功的我，而我，还没有成功，在这条路上，我还要走很久。"

"所以呢？"我听得津津有味。

"我拒绝了。时间可以改变一个人，也可以改变一个人的思想和格局。以前的我为了她而奋斗，她的幸福就是我的目标，所以我迷失了自己。现在，我想为了自己而努力，感情的事，等到我有能力照顾别人的那一天再说吧。"

我笑了。

在这个男人必须去拼搏的时代，我见证了一个男孩成长为一个男人的艰辛历程。

请停止无效的努力，从这一刻起，给自己定个目标。

你想要的一切，都在未来等你。

作者：武芳芳

百万畅销作家。

新浪微博：武芳芳

比穷更可怕的是，你没有上进心又不肯努力

夏与至

001/

谈一场恋爱要用很多钱吗？

不用。

大多数人只要付给对方自己的真心和深情就可以了。

结婚要花很多钱吗？

要的。

因为婚姻不等同于爱情，它意味着现实，意味着责任，意味着生活。

但是，没有钱、没有房子、没有汽车的人就不能结婚了吗？

不是。

爱情是不能仅用金钱来衡量，婚姻更不是单靠房子和汽车就能维系的。毕竟，绝大多数人所追求的只不过是简单美好的爱情和生活。

我曾经问过身边的很多女生这样一个问题，以后你会和家境贫穷的

男生谈恋爱吗？

大多数人的回答都是，会啊，只要我喜欢他，他也喜欢我，感觉对了就谈恋爱呗。

我又问她们，那你以后愿意和一个没钱没房又没车的男生结婚吗？

她们愣了一下，给我的回答却不尽相同。

有人诚恳地告诉我不会，因为不想自己一辈子都过那种没有钱的贫苦日子，更不想让自己的孩子从一出生就输在起跑线上。

有人犹豫不决，模棱两可地回答说，不知道，看情况吧，这种事谁能说得准，结婚这件人生大事是要慎重考虑的，还要和家里人好好商量，一时还说不好。

而李桔则干脆利落、大方爽快地回答我，要是我真心爱他，我干嘛不嫁给他？

"要是没钱没房，我们可以一起努力去挣钱买房，日子那么长总有办法，我才不相信现实能打败爱情，金钱能摧垮婚姻呢。要是你真爱一个人，是会愿意和他同甘共苦的，如果你不够爱一个人，那就别扯什么真爱了，没有现实磨砺的爱情注定不会长久。"

002/

后来我才知道，李桔已有一个感情稳定的男友袁辉，他们恋爱 5 年，毕业后留在同一座城市发展。李桔在一家外企当白领，袁辉则是个艺术家，平时为一些杂志、公司画插画、做平面设计。

李桔家境一般，父母是兢兢业业、恪尽职守的人民教师，他们没给李桔太大的压力。袁辉来自一南方小镇，他的父母都是老实巴交的农民，他们忙活了大半生，唯一的成就是在当地盖了一栋小洋楼。当年袁辉上大学时，家里砸锅卖铁才凑齐袁辉高昂的学费。

有一年春节，李桔去了袁辉家。小镇又穷又脏，生活质量是远远不能和城市相比，而且当地人的思想太过顽固死板。袁辉妈妈见她背了一个 Chanel 的包包很是喜欢，就问她多少钱买的。她老实回答说是几千块。袁辉妈听后震惊不已，说她真是奢侈，这几千块在他们那儿都能买好几头猪仔了。看她的神情更是不理解，觉得她大手大脚又爱乱花钱，于是念叨了大半天。

这让李桔一度感到非常尴尬。

我和她说："或许袁辉妈妈他们那一辈人的观念永远都改不了，他们一辈子窝在一个小地方里，没见过什么世面，也不理解年轻人的时尚，自然带着一股不可避免的狭隘，以后你习惯就好了。

李桔笑说："那是，反正我们结婚后也不会长期待在那儿的。"

"那你以后打算留在这座城市定居吗？这里的房价那么贵，你们要买一套普通的三居室都很困难吧。"

李桔皱了皱眉："难是难了点，以我和袁辉这点儿微薄的收入，买房子确实是有点力不从心，但我又没说非得有房子才结婚，这种事不着急，我们在一起好好奋斗就行了。毕竟我又不是和房子结婚，你说是不是？"

我回她："你能这样想真好，现在女生们个个要求超级高，有车有房都算是标配，还考虑着男方到底能给几十万彩礼才肯嫁呢！"

李桔笑了："人各有志吧，我理解她们，只不过我的幸福不是建立在金钱上。"

003/

再一次和李桔谈话是在一间餐厅，我以为她还沉浸在爱情的滋润里，没想到她却是一副疲惫不堪的模样。

她向我诉苦道："最近袁辉找不到工作，这一个月都没有什么收入。过去袁辉一直帮一家公司做平面设计，钱虽然不多但勉强过得去，可最近那家公司新招了专职员工，不再用袁辉做设计了。我让他另寻出路，可他只想一心一意画画。但是他的画没人看得上，风格有些前卫，太过艺术了。不管我怎么劝，都说不动他，现在我们两人只靠我的工资勉强维持生活而已。"

"袁辉那么坚持理想也很好呀，万一哪天他真当上了大画家呢？"我尝试着安慰她。

李桔沉默了，眉头紧锁，脸上写满了担忧。

之后不久，李桔又和我诉苦抱怨，说他们的生活每况愈下，搞得她愁绪万千。

原来，袁辉在几次投稿遭拒后，变得心灰意冷，连画都不想画了，成天窝在家打游戏，连门都不出了，她像保姆一样伺候着他，忙里忙外，身心俱疲。

我还是安慰她："你再忍一忍吧，怀才不遇的确郁闷，说不定过段时间他就好了呢？"

她忧愁地说："可是我的工资也支撑不了多久了，而且下个月的房租又要涨了。"

"想想你们之间的爱情吧，你们要相互扶持，同甘共苦啊。"我想方设法地开导她。

李桔皱着眉头苦笑："我只是有点儿力不从心了，以前我很鄙视那种为钱分手、为钱结婚的女孩，但现在我有点儿理解她们了。钱虽然不能买到一切，但没有钱，我们真的寸步难行。"

此时，李桔那干瘪钱包仅剩下三百块，银行卡上的余额也只剩下三位数。衣食住行她样样都得精打细算，她甚至已经拮据到连两块钱的公交车费都舍不得花，为了省钱徒步几公里回家。

爱情有多美好，生活就有多现实。

她再次和我谈起袁辉时，一脸感慨地说："我感觉袁辉变了，他丢弃之前信誓旦旦要实现的梦想了，连当初那种不怕输不怕累的精神和气概都没有了。或许我们都被生活逼进了一个黑暗无光的死角，我还没有妥协放弃，但他却被生活磨得没了棱角。"

"他又画起了画，只是画得很慢，而且那些画也不如以前精致好看了，他整个人还是消沉低迷，我前几天好心好意地劝他换一份工作试试，可他却死硬说不要，他说自己除了画画便什么都不会了。我不想再和他吵架了，我知道那是没用的，于是我只能一直迁就他，却不知道什么时候是个头。这样活着，我真的很累，感觉心都失去了原来的温度。"

我原本还想问她之前说要结婚的事，可看到她紧锁的眉头就没敢再提，依旧劝她想开点，好好生活，忍一忍，办法总比困难多，一切苦难总会过去的。

然而一个月后，他们还是分手了。

李桔淡淡地和我说："袁辉因为作品不受欢迎，没人欣赏一直萎靡不振，心情时好时坏。我和他谈到结婚的事儿，他便很激动，说以他现在的状况根本没法结婚。我说没关系，我会一直支持你的，只要你能恢复以前的激情和斗志就行。可他却说我不理解他，觉得他窝囊没用，嫌弃他没钱没房，还发了脾气，不管我怎么解释他都不听。"

在一次争吵中，袁辉逼问李桔："要是我一辈子都那么穷，还会不会爱我？"

李桔不假思索地回答他："我当然爱你，爱那个一直为了梦想坚持努力的你，爱那个不停画画、才华横溢的你。肯努力的人会穷一阵子，但不可能一辈子都穷，虽然你现在一无所有，但我愿意陪着你一起吃苦，一起奋斗。"

袁辉却冷着一张脸冲她吼道："不，你说谎，其实你一直都嫌弃我穷，嫌弃我没本事，嫌我买不起房！"

在那次吵架不欢而散后，李桔开始重新审视这段感情。

过去的她相信真爱可以战胜一切困难，她并不需要袁辉有多么富裕，也不期待他未来功成名就，能赚什么大钱，买什么豪车别墅，她只想待在他身边，两个人相亲相爱，安安稳稳地过自己甜蜜幸福的小日子。

可是在现实的打击下，她发现袁辉变了。

他每天都在为生活焦虑，却从不想办法解决，意志愈发消沉，做什么事都不耐烦，她多说几句他就发脾气，嫌她烦人。对她越来越冷漠，不再如过去那般体贴，不再跟她说甜言蜜语，不再哄她入睡，不再陪着她谈心，也不再像过去那样关心她照顾她了。

袁辉和李桔吵了好几次架，成天摆着一张冷脸，不给她好脸色，画笔被他扔到了角落，连一份正经的工作都不肯找，他宁愿坐在电脑前一天到晚打游戏，都不愿陪她看会儿电视、说会儿话。

这样冰冷僵硬的生活让李桔感到失望又压抑，渐渐耗尽了李桔的感情，使得她原先那颗炙热的爱心逐渐失去了温度，直至她再也忍受不了。

李桔叹了口气："钱对我来说并没那么重要，但我没想到袁辉会那么在意，现在的袁辉已经丧失了斗志，我看不到我们的未来，也看不到任何希望了。一时的贫穷并不可怕，但如果一辈子都要过这样的生活，那不是我想要的。我和他分手真的不是嫌他穷，而是因为他没有上进心和斗志。以前的他总是充满希望，满怀斗志，无论做什么都带着一股刚劲儿，可现在的他变了，他变得轻易向生活妥协，自怨自艾，麻木消沉，一点儿也不像他了。和这样的他在一起我受不了，再勉强自己和他过下去，我是不会幸福的。"

李桔话还没说完，泪水又哗哗流了下来。

004/

或许很多人都曾经有过这样的经历，觉得爱情是一件很美好的事，可一旦接触到残酷冰冷的现实，却又变了样。

袁辉在生活的打压下，变得灰心丧气，消沉堕落，渐渐失去了奋斗的目标,更没有了以前的斗志和坚持。可他不自知,只知道把失败甩给"没钱"这个蹩脚的理由。

他不知道,他输给的不是现实,而是那个对生活妥协投降的自己。

爱情里不一定要很多很多的钱,但一定要两个人彼此相爱,共同为了未来而努力拼搏,爱情不是一个人的事,而是需要两个人一起维系的,倘若你不肯付出,或是提前后退,那么这份爱就不会继续向前,更不可能抵达终点。

多少人以为爱情最后败给了现实和金钱,却不知道其实女生只想追求一份相互付出、彼此对等的爱。

多少人以"她嫌我穷"作为两人分手的理由,心安理得的做被抛弃者,可自己却不曾想过,被分手的你也有责任。

你说女生嫌你穷,说她们拜金、虚荣、势利,可你究竟为她付出了多少?你确定自己还有斗志、上进心和责任感吗?你还在为两个人的未来和幸福努力奋斗吗?

如果没有,那么你也错了,而且是大错特错。

后来,李桔和袁辉说得很清楚:"我可以过没钱的日子,但我在你身上看不到任何未来和希望了,我不是嫌你没车没房,只是不愿和现在这个没有上进心、凡事都以没钱为由的你过苦日子。 那样的日子,才叫真正的苦!"

生活始终是现实的，用爱情取暖是不可能维持生计的，在爱情和面包之间，不管缺少其中哪一样都会让对方过得不舒服，倘若你彻底放弃了面包、梦想和努力，颓废到了极点还抱怨自己的贫穷，并让身边的人一次又一次心灰意冷，陷入失望，那么到最后，再爱你的人也会受不了而离开你。

穷不可怕，没钱、没房、没车也不可怕，可怕的是你对生活失去了希望，没有了梦想和斗志，彻底向生活妥协，成为了一个庸庸碌碌、没有作为的人，那样你才是从里到外的穷到底了。和这样的你分手，怪不了别人，要怪只能怪你自己。

毕竟，比穷更可怕的是你没有上进心又不肯努力，最后只能沦为一个灰头土脸、碌碌无为的失败者。

作者：夏与至

公众号人气作家。

公众号：夏与至

得过且过的人生，注定要埋葬在社会的最底层

李永斌

在成立公司之前，我曾煎熬过很多年，走了不少弯路，也花了不少冤枉钱。第一部电影的制作花费了我太多的心血和精力，整日整夜地煎熬。在全国各地奔波，拉取资源，一些投资商的加入给了我莫大的信心，我觉得自己的努力有了回报，更是充满斗志。

我用了最好的设备，用了最专业的领域人才，势必要拍出一部经典的影片，一炮而红！

那时候我全凭着一股子热情和对梦想的渴望，不怕苦不怕累，完全按照自己的喜好去选择剧本，和公司员工共同构思故事，但对于很多人的意见并不听取，也没有结合市场和时代因素，历时许久，耗费了大量的人力、物力、财力，最终还是因为收视率太低而宣告失败。

那一次对我的打击极大，我曾一度想过放弃，我不明白我付出了那么多努力，有那么多重量级人物和资金的支持，却还是没能取得成功。

也是在一次和朋友的聊天中，我偶然间发现了自己失败的原因。

她说现在的年轻人喜欢的东西和我们那时候太不一样了，七零后喜欢农村题材、战争大片、苦情剧；八零后喜欢现实题材、家庭剧，仙侠剧、悬疑剧。到了九零后，热衷于科幻题材、偶像剧、快餐短剧，观众的喜好真是越来越难琢磨。

听完我如醍醐灌顶，一拍桌子站了起来。

我盲目地努力，却忽视了最重要的一个因素——

市场！

我错得太离谱！

没有准确地调查各类题材的收视率、观众的关注热点和类型喜好就急于上手去操作，我拍了一部适合我自己口味和眼光的优质电影，却没有定位好市场和观众。

一部没有收视率的电影，哪怕它拍得再专业，付出再多的努力和资源，它也是失败的。

我吸取了教训，开始在专长的领域和人才发展方面下足了功夫，因为如果只有我一个人，是很难有一个宏观而全面的视角去看待市场。我从企业未来战略的角度，去规划组织架构以及人才管理体系，招聘了一批对当前市场了解很透彻的编剧人员，以及各个领域的专业人才，有组织，有计划地去选择剧本，选择拍摄场地，在最低的成本范围内选择适合该剧的演员，然后重新开始一部新的电影。

终于，在历时一年的努力和筹备下，这部电影完美杀青。

由这次的事件，我明白了为什么很多人庸庸碌碌一生，却始终生活在社会的最底层，他们很勤劳，很努力，比大多数人都辛苦得多，可是生活却没有偏爱他们，反而给了他们更加残酷的未来。

因为他没有一个确定的目标，也不明白自己做一件事的根本目的，只是两眼一抹黑的为了一日三餐的口粮奔波，为了孩子的学费辛苦，为了一个月几千块的工资做牛做马，对未来没有丝毫的规划。社会在不断进步发展，可是他们却在原地拉着磨转圈。

这是一个靠打拼才能赢的时代，大家感到深深地疲惫，四处都是来自这个世界的恶意。你没钱，寸步难行，别人就是瞧不起你，你越努力，做得越多，穷得越厉害。

你有钱了，可以去投资，去赚更多的钱。你有能力了，所有企业和投资商都对你刮目相看。你成功了，以前那些对你不屑一顾的亲戚朋友，都会回头来讨好巴结。

话是难听，但我看到的事实大多就是这个样子，当然我并不否认这个世界依然存在温情和人性。

谁都想成功。

可是成功的路岂是那么好走？

一百个人齐头并进，挤得头破血流，累的四脚朝天，伤痕累累爬到最后的，只有寥寥几个人。

其他人没有在努力吗？

他们可能比别人更拼命，可他们的努力是盲目的，没有认清形势和目标的，做了太多无用功，能不累吗？而真正成功的那几个人，或许他们成功的道路并没有你们想象中那么辛苦。

如何做才是有效的努力呢？

认清自身能力，认清未来目标，认清周围形势，认清前方阻力。

提高自己，坚定目标，结合实际，解决困难。

确定好就做，行动力要强，绝不拖延。

不做无用功。做好最省时省力有效的方案，每一分力气都用在对的地方。

珍惜时间，切忌变成工作的奴隶。不要浪费一分一秒工作的时间，你还拼得动的日子不多了。

不要占用休息时间，把休息的时间用来做有意义的事，不要沉迷在耗费时间而毫无意义的事情上，比如网络、手机、网游、手游。

正视自己的性格缺陷。"我就是这样的人""我就习惯这样"，如果知道自己的行为和语言有问题却还要坚持的话，那么这个人的人格是有严重缺陷的。我们所有人终其一生的努力，就是在不断修复自己人格中的缺陷。知错能改，不断完善自己，不断提高自己，才是一个人成长的必经之路。

好身体是成功的本钱。确保自己有最好的精神状态和身体，多健身，有命赚没命花的例子举不胜举。

精神气质。好的精神面貌和气质能让你的谈判事半功倍。抬头、挺胸、收腹、行走有力，器宇轩昂！弓腰驼背给你省不了多少力气，只会让你觉得更加疲乏。就像懒惰一样，懒惰的人觉得做什么都疲惫；反之，勤奋的人觉得很多事情不过是顺手的事。

说话要有情商。培养自己良好的沟通能力，不是让你能说会道，而是让你的表达既能达到目的又能让对方身心愉悦；其次就是真诚。

不做超过自身偿还能力的冒险和投资。有些人觉得：有钱人谁没欠个几千万？但人家分分钟可以偿还，分分钟都有其它产业带来的大量收益，你行吗？超过自己偿还能力的借贷、投资，都是对未来不负责任的透支。

如果能做到这十点，那么你就放开手去拼，你的努力终见成效。

请停止无效的努力，从繁复的工作中抽出时间去思考，思考未来，思考目标，思考自己现在的所作所为。当然，我并不是倡导大家放弃目前手里日日重复的工作，只是思考这样重复的工作带给你的帮助和对你未来的意义。

你此刻的工作是为了积累资金？还是为了学习技能？

或者是为了自己将来的规划做最基本的筹备？

你不能倾其一生都埋葬在繁复的工作中没有长进，人的一生是极其短暂的，靠死工资生活的人们，现在就可以给自己算个账，你的月薪，乘以你人生剩下的月份，还要减去年老之后无法工作的时间，这就是你一辈子所能赚到的钱。

然后再算算你此生的花费，自己和家人生活的花费，养孩子的花费，生老病死的花费……

不要庸碌一生，却依然凄惨度日。

而这样的结局，往往是当事人自己造成的。

这样的人，他们往往会说这些口头禅："想那么多干嘛""你想得太远了吧""世事无常，你这么早做准备有用吗""现在都过不好，还想着将来""明天的事明天再说"……

人无远虑，必有近忧。

一起出发的人已经超越了自己，却还享受目前的安逸，纠结于蝇头小利，没有长远的眼光，对未来没有计划……

我们身边有太多这样的人。

不肯学习，不肯提高，生于安逸，处于不变，局限眼前。

没有格局的人不必谈未来，没有眼界的人不必说以后，得过且过的人生，注定埋葬在贫苦的最底层。在该打拼的年纪选择了"稳定"，这辈子你都会穷得很稳定。

醒醒吧！

这个社会属于肯改变自身的人。

恪守人性的底线，紧跟时代的变化，劳力已经不是这个时代的第一生产力，创造和创新才是赖以生存的饭碗。

机会永远会留给有准备的人，多学会一种技能，你就多了一种赚钱的手段，多了一条成功的道路。

世事确实多变，只有拥有多项技能，做好多种准备，才有把握不被这个世界淘汰，不会和奔跑在最前线的人们脱节。

我们不需要成为首富，不需要有多么成功。

至少，我们要让自己和家人，生有所养，病有所治，老有所依，在这颠沛流离的世界，有一个温暖的肩膀可以依靠，有一个宁静的港湾可以停歇。

第二部分

做自己最喜欢的那种人，

然后遇到一个不需要取悦的人

思想被左右，不过是因为自己被局限了太久

任落落

001/

有年轻的女子在网上留言向管韵请教，正遇迷茫时期应该怎样渡过。

女孩 20 出头的年纪，在留言里先是诉说了自己原生家庭的贫穷与压抑，导致了她很小的时候就开始自卑。后来大学也没有考上，打工混了几年家里希望她早些嫁人，她没有主意便也由着家里安排相亲。婚后日子平淡，丈夫是一个油瓶倒了也不扶的主儿，而她每天除了工作还要做家务、带孩子，日子过得兵荒马乱，却好像只有她一个人乱。

她总是觉得哪里不对，缺少了点什么。每每有这个念头出来的时候，母亲便会告诉她："哪个女人的一生不是这样过来的？你就是太矫情。"

她迷茫了，她太需要一个人告诉她这样的日子是不对的，她可以拥有另外一种生活。在那种生活里是可以充满各种可能、充满希望的，而不是像现今一般一眼望到尽头的生活。

管韵很仔细地看完她的来信，将自己的想法、建议以及会拥有什么样的后果——分析给她。管韵很清楚，她改变不了任何一个人的人生，可若是可以给别人带去不同的思考方式，她还是愿意的。

女孩很快回信：

"学习？我每天忙得脚不沾地怎么可能有时间学习？我的父母和公公婆婆都没有时间帮我带孩子，难道指望一个男人带孩子吗？你让我先投资自身，只有自己变优秀了才可能有其他的选择，这话说起来简单可是做起来需要多少时间你帮我想过吗？我原以为你和别人不同，结果还是一样只会给一些没用的鸡汤。"

若是换在从前，这样的回信管韵肯定是要生气的。现在关掉界面笑笑也就过去了。大多数人都在寻求捷径，恨不得跳过中间所有的步骤直达想要的结果。可是真正难熬的正是这中间的步骤，若是连这点决心也没有，何必再谈改变人生这么大的课题。

阻断自己道路的从来不是过程中的种种挑战，而是一颗不战而退懦弱的心。

002/

管韵 6 岁那年，和妈妈一起去买菜时遇到隔壁小虎子，他刚从小店走出来，手中拿着一个盒装的冰淇淋，舌尖在上面轻轻划过，一脸满足。

正是炎热的天气，本就口渴的管韵更觉得口干舌燥。

　　妈妈察觉到她的目光，将她的小手拽得紧紧的，步伐更快朝前走去。管韵扯住妈妈的手一脸渴望地说："我也想吃。"

　　"吃了要拉肚子的。"

　　妈妈飞快说着，拽着她继续往前走。冰淇淋的诱惑让管韵哪还顾得了许多，干脆往地上一赖，整个人坐到了地上喊着："我不管，我要吃！我要吃！"

　　吵闹声引起不少路人围观，得知孩子只是想吃一个冰淇淋之后，路人都劝管韵妈妈："给孩子买吧，才多少钱！"

　　管韵妈妈是有那么一瞬间的犹豫，可一捏钱包，最终还是狠下心决定不买。小小年纪的管韵一看有这么多人帮着自己说话，哭喊得更加厉害。最后被狠狠揍了一顿，管韵也哭，管韵妈妈也哭。

　　钱包里，是一个月的伙食费，每一天的用度都是安排得刚好的，多一分也拿不出来了。她哭，因为吃不到惦念已久的冰淇淋，而妈妈却是哭自己无能，只能打孩子来断掉她小小的念想。

　　长大以后管韵说，应该是从那个时候开始，她就明白了贫穷的滋味是什么。

003/

 贫穷就像是原罪，哪怕为人善良、光明磊落，也会莫名地低人一等。

 初一开学第五天，临放学前班主任上台拿出花名册，轻咳了两声："下面耽误大家一点时间。点到名字的同学留下来抄写作业，别以为周五你们就逃得掉！"

 班里顿时一片哀嚎声，随着最后一个名字念完大家都准备离开时，班主任又突然回过头，对着还在整理东西的管韵说："管韵，问一下你爸妈学费凑够了没有。已经减免了那么多费用，剩下的学费还要凑这么久吗？再不交我也不好交代。回去转告你家长周一必需交啊！"

 "好。"

 管韵低着头，红着脸。她不知道自己那声"好"有多小声，也不敢抬头去看周围的目光有多怪异。她就那样保持着一个姿势站了很久，直到四周都安静了她才飞速离开教室。

 她以为学习是可以改变她人生的一条路，现在却连学校也害怕去了。她多希望老师可以再委婉一些，或者再顾虑她一些，不要当着众人的面说这件事。老师没有，他以一种稀松平常的态度将她最在乎的事情公之于众，她的窘态他未发现，很长一段时间管韵觉得这个老师是不合格的！

 那之后，她总会觉得同学们看待她的目光有些怪异，只要谈到钱的问题她都会不由自主地回避，哪怕偶然间听到的议论与她无关，却还是抑制不了想要躲在自己世界里的心。

那时候，她明白了什么是自卑。

004/

青春时期也是有美好的回忆的。

对于管韵来说，美好的回忆就是高中时坐在她斜对角的笑起来露出洁白大牙，眼睛眯着也一样好看的男生。从来没有过的悸动让管韵这个自卑又内向的孩子也开始看到阳光。

男生的人缘很好，总有人趁着下课的时间偷偷往他的位置上塞情书，胆子大的甚至敢在厕所门口里截他，惹来边上人一阵惶恐一阵口哨，哪怕知道被老师抓住就是记过的结果，也阻止不了她们的步伐。

管韵是不敢的，她只敢在上课的时候偷偷看他的后脑勺，偶尔他回过头的瞬间犹如电光石火，她会猛地收回自己的目光。到高二时，她已经可以很平静地将自己的眼神从他的后脑滑过，再无意看他一眼，明明此地无银却觉得自己无懈可击。

这一场暗恋，似乎给了她一些新的勇气，这种勇气在幻想与现实之间让她第一次有了想要走出自己的世界、想要去追求自己所想的动力。

18、19岁的年纪，相较于那些热血的鸡汤，爱情似乎才是真正让人充满力量的原因。

高考结束那天，管韵想要找男生告白，可是她在校门口等了半天也没有等到他的人影，她以为这会是她人生中最遗憾的事，可命运竟神奇地将他们带到了同一所大学。

她开始疯狂地追求他，哪怕他身边的追求者没有中学时期那样多，可是在她的眼中他似乎是男神，那个笑起来连太阳都不如他明媚的男神。

起初，男生是不回应的。后来发现身边有这样一个人似乎也不错——

打球时，她帮着呐喊递水，结束后听到他要和舍友聚餐她就会乖乖离开。

早上一睡醒就会有各式各样香喷喷的早餐等着他。

舍友往床底藏脏袜子的时候，她已经将他的被套都洗净晒好。

无论什么时候，只要他一句话，她就会努力去做，这样似乎也没什么不好……

管韵也曾经问过男生，是否喜欢自己。她期待他说出一个答案，可他总能神奇地避开这个话题。也不知是在什么时候，她放弃了，放弃了这个自己从初中就开始青睐的男生，就像放弃了自己的一个梦。

她说，他不喜欢她，她一开始就知道。只是她总以为他会被感动，可最后连对他好都要开始纠结的时候，她知道这段感情该结束了。

那时候，她明白了，原来爱一个不爱自己的人，是这么卑微。

005/

这低落、自卑又沉默的个性，是从什么时候开始改变的呢？

管韵自己都找不到一个准确的时间切点。回忆起来，似乎昨天自己还是那个工作了两年，主管连名字都记不住的小透明；还是那个谁想要偷个懒就可以将手头工作毫无愧疚扔给她的软弱者；还是那个有"锅"需要背，大家就能十分默契地将"锅"挂在她背上，甚至不需要得到她同意的可怜人。

那年家里给她安排相亲，说是相亲不过是找了个家长们眼中还不错的男生：有一份稳定的工作，有一个不错的家境。

二人都在一个城市里，偶尔见面约会，男方的言论总是让管韵不适。那是一个以自我为中心，并且不允许别人反驳的男子，连管韵吃什么都只能按照他的喜好，每每约会对管韵而言都像是一场灾难。和家中提及不适时，母亲总是说："哪有什么天生的适合，都是慢慢相处磨合过来的。你看我和你爸，打了大半辈子，最穷最苦的日子也过过来了，现在不是一样好好的。"管韵不再说什么，只能尽量避免相见。

沉默、胆小、懦弱，每次想要拒绝却又生生咽了回去，那段时间对管韵来说太过黑暗。但"NO、不可以、我拒绝"这样的话，只要说一次之后便会再也停不下来。那种感觉就像是搬走了一直压在胸口的大石，呼吸顺畅，通透至顶。如今回忆起来，管韵都不记得那个第一次被自己大声拒绝并且数落了一堆不是的同事叫什么名字、长着怎样的面孔。但她清楚地记得，她喊出来了，边哭边喊，又可怜又狼狈。

然后，她辞职了，做了很久不敢做的事、说了不敢说的话。在回宿舍的路上，她打电话给男友，提了分手。对方不解并以告父母为由警告她时，她说：

"我再也不会过从前的日子！我再也不会听你们任何人的安排！什么相夫教子、什么三从四德，我难道是活在古代吗？我必需生男孩是因为你们家有皇位要继承吗？你觉得你自己穿着龙袍像太子吗？我决不会和你这种不尊重女性的人过一辈子！滚！带着你这些垃圾思想一起滚出我的世界！"

酣畅淋漓！

没过一会儿，母亲的电话便打来了，苦口婆心、语重心长。哪怕管韵将男生极不为尊重她的思想和事件说出来，母亲也只是说这些慢慢都会好的，哪家的男人不是这样。

管韵堵气："那我宁可不嫁！"

母亲大哭，父亲在一旁怒骂她的不孝，续持好几分钟之后管韵只轻轻说了一句："妈妈，你已经过过那样的日子，为什么还要让我再过一次？"

电话那头母亲的哭声顿时打住，管韵挂断了电话，又欣喜又难过。

那是管韵第一次明白，失去是这么快乐的一件事，那也是她第一次知道被左右的思想，不过是因为自己被局限了太久，失去了思考的能力，听之任之，如同提线木偶。

006/

3年的时间，管韵整整用了3年的时间来改变自己。听上去那么简单，只是狠下心买了英语课程，为了对得起那份钱每天清晨五点起来背诵。每个月至少阅读一本书，并坚持用笔写下心得。学会打扮、注重自身的气质。

一切听起来，都不是什么大不了的事情，可是只有管韵知道，光是为了修正自己从前因为自卑而习惯性低头含胸的走姿，她就花了整整一年的时间。每次对话，她都强迫自己看着对方的目光，不躲避。

当然也会有坚持不下去的时候，甚至会觉得自己这一切真的有用吗？倒是不奋斗的人看起来更轻松些，自由自在。可是一想到从前那个自己，她就忍不住打寒战。被安排的日子，看似轻松却没有丝毫快乐和幸福。

　　和所有想要改变的人一样，最初都是信心满满，可是当漫长无边望不到尽头也看不到终点的学习之路慢慢开始消耗掉热情、坚定时，有太多的人选择放弃。管韵说，大部分人都觉得，我有一份改变的心就一定可以做到，却不知这份坚定的心只是一个开始。往后的折磨会让人开始怀疑自己的选择究竟是不是对的，哪怕已经麻木到习惯性地做那些事，却没有丝毫的热情可言。

　　可是，当这些变化慢慢累积，慢慢从量变到质变，便会发现你所遇到的事情也会开始随之变化。

　　管韵说，她还是有些不自信，偶尔还是会害怕当众发言，想要做鸵鸟，可是不会再有想要放弃的念头。

　　当一个人慢慢变得优秀，就会变成一件停不下来的事情。当初的压力也会不复存在，只是为了自己而想要更加美好，她喜欢现在的自己。

007/

　　培养一个自己感兴趣的事情，并且学精它，是管韵现在正在做的事。

　　萌生这个想法，是有一次母亲小心翼翼地打探她现在的生活时，并透露出拮据的状态时产生的。管韵突然想现在有太多种可以赚钱的方式，重点是如何改变自己的思维方式。于是问母亲都会些什么，或者擅长些什么。

两个人商量了半天，却没有一种是母亲真正擅长并且精通的。

对话结束前，母亲突然说："韵儿，也许你是对的，多学、多看，外面的世界确实和我想的不一样。"

当年的阻止、咒骂都没有丝毫退让更没有流泪的管韵，却因为母亲的这一句话，哭了许久。

回忆起当初那些说服他们的话、堵气的话，都还在耳边。当时的互不相让，他们用言语互相伤害，她极力想要摆脱原生家庭给予的印记，他们想要将她拖回自己觉得对的生活轨道。母亲也许永远不会知道，这一句"承认"对她而言有多重要。

原来，再多的话语也不及最终用行力来证明。

008/

管韵算是成功吗？

目前，还没车没房没男友，存款里的数字也还没有到惊人的地步。依旧不敢大手大脚的花钱，依旧像所有的白领一般有时候忙碌到深夜，却只领着并不是很丰厚的薪水。

这点看来，她似乎并没有成功。

但是她自信了，她开始写公众号，在里面鼓励一些同样迷失自我的同龄人，勇敢抬起头，为自己想要的生活去打拼、去闯。

她的身边多了许多朋友，可以谈心的、可以一起哭闹的。他们都喜欢管韵这样的女孩，似乎总是充满正能量、出了事不找借口，积极向上。

在这点上，她无疑是成功的，并且将来还会更好。

就像后来她说——

当初那个埋怨班主任的小女孩已经不存在了，如果重新回到学生时代，她希望自己可以昂着头道歉，并且请老师下次私下和她说。

当初那个付出到自己都感动的小女生也已经不存在了，如果再遇到一个喜欢的男生，她还是会勇敢去追，但是不会再丢失自己，而是会为了自己、为了对方而变得更加优秀。

那个本该如艳阳般明媚的年纪，她回忆不出任何的青春飞扬，只希望将来的自己不再脆弱敏感，而是坚强向阳。

若你下定了决心改变自己，就不要再害怕困难，坚持下去，否则曾经见过曙光的你再回到从前，没了从前的"认命"又无法透过曙光看到黎明，只会更加痛苦。

而那些一开始变否定自己的人，终将被这个世界否定。

009/

最近最值得开心的事？

大约是年初时带着父母去了一趟泰国，几天的相处之后他们彼此间的芥蒂正在慢慢平复。母亲说，他们正在慢慢适应这个世界的变化，也慢慢试着理解她的想法，慢慢学会尊重她的决定。

父亲在年后第一次学会视频时，沉着脸说只说了一句："注意身体，多吃点。"

没有催婚、没有逼迫，而她相信，无论是爱情还是事实，她期待的所有美好时光，正在慢慢向她走来……

相似的灵魂都会相遇，相惜的人们都会重聚

苏心

001/

元旦前的一天中午，我刚回到家，领导打来电话，说有个文件他下午开会要用。

我简单吃了点饭，匆匆回到单位。一开办公室的门，吓了一跳，同事玲子正趴在桌子上哭。我走过去抱着她的肩膀问："你怎么啦，谁欺负你了吗？快告诉我！"

她抬起头擦了擦眼泪："姐，我和男朋友分手了。"

我更吃惊了："不是，不是说要结婚的吗，这是哪跟哪呀？"

玲子黯然地说："我们在一起六年了，可能是谈太久了吧，彼此都没有什么感觉了。我一提结婚的事他脾气就不好，我赌气和他说：'要不咱俩分手吧，总这么耗着，青春都耗没了。'"

想不到他竟然顺水推舟，说："好，一切你说了算，我尊重你的意见。"

玲子问："姐，他这态度是什么意思？好像等着我说这话一样。"

我想了想："我现在也说不好，不过他这态度是挺出人意料的，你俩先冷静两天，看看他会不会主动来找你。"

过了一个多礼拜，我几乎把这事忘了。

那天见玲子拿了一个大包裹进来，一脸沮丧。我问："你哪里不舒服吗？"她眼泪流了出来："姐，我以前送给他的东西，他都打包给我寄回来了。我和他，真的回不去了。"

我抱了一下玲子，安慰道："宝宝，会过去的，谁没失过恋，这样也好，一次分手，检验出你们的感情，起码他对你，爱得没有那么深。如果真的结了婚，也是且过且勉强，还不如现在分了好。"

玲子点头："姐，你说得对，这次分手，虽然有些失落和不习惯，但有一种莫名地轻松，或许，我俩早该分了，只是在一起时间久了，就以为必须要结婚的，这次分手，让我们发现，事实和想象的不一样。"

002/

有位读者在后台，向我痛斥她老公的种种不是，问我是不是该离婚？我告诉她：你可以试一下，该不该离婚，你的心会告诉你。

几天后，她又来了，说："苏心，我再也不提离婚了。我们俩结婚八年，虽然经常争吵，有时恨不得把对方掐死。可前天，我们说好去民政局办手续，结果到了大门口，他疯了似的开车调头，我问他怎么不离了，他说一想到真要离开我，就觉得生无可恋，他抱着我说，咱们再也不说离婚了。

我们，只是被那些鸡毛蒜皮蒙住了眼睛，拨开那些嘈杂，才看到真相——彼此都是深爱着对方的。"

是的。分手这事，就像说谎测试仪，连你自己都不知道的心，一准儿能测出来。

003/

几年前，我和老公吵得那叫一个鸡飞狗跳，家里的水杯不知道摔了多少个，都觉得自己倒霉，找了世界上最差劲的人，我们俩像两只刺猬，一靠近，就扎得对方遍体鳞伤。

在又一次摔得满地狼藉后，我绝望地说："离吧，咱俩过不下去了，只剩下了彼此伤害，还不如留点情分，早点分开的好。"

老公毫不犹豫地同意："好，回头你打印一份离婚协议，我签字就行，这日子，真是没法过了，在这个家里简直能把人逼疯。"

第二天，我起草了一份离婚协议，让老公签字。他连看都没看就签了，说："我什么都不要，只想要孩子，你非要，我也不和你争，房子和孩子都留给你，我去单位住。"他收拾自己衣服装进一个皮箱，拉着走了。

防盗门关上的那一刻，我的心像刀子扎了般的疼。我甚至想跑过去抱住他，不让他走，可还是听着他的脚步声向楼下走远。

哄睡了女儿，我关了灯，站在窗前，望着茫茫夜色。

往事一幕幕浮现眼前，疼痛又美好。我翻出手机相册，看我们平日里拍的那些照片，老公的脸，温润如月，我低头吻下去，泪水打湿了屏幕，我发现，原来我是那么那么爱他。

我们之间，只是性格问题，而不是感情问题，两个性情相近的人，在一起时容易相爱相杀，分开后却肝肠寸断。我泪流满面，那个天天在我身边的他，竟然从此与我江湖路远，成为最熟悉的陌生人吗？

一夜未眠。

天亮的时候，老公回来了。其实，他根本没有走，只是在家附近的树下坐了一晚。我们深深凝望，像失而复得般紧紧相拥，发誓再不分开。

004/

TA 爱不爱你，你爱不爱 TA，分一次手就会知道。

只有经历了真正的分手，才会发现那个人在自己心中的分量有多重。你或许本人觉察不到，但你的心会告诉你。

《解忧杂货店》里面写到：人与人之间的情断义绝，并不需要什么具体的理由。就算表面上有，也很可能只是心已经离开的结果，事后才编造出的借口而已。因为倘若心没有离开，当会导致关系破裂的事态发生时，理应有人努力去挽救。如果没有，说明其实关系早已破裂。

是啊，骗得了天，骗得了地，却骗不了你自己的心。每一个选择，都是内心的取向。

如果，一段感情已经走不下去了，分手的时候，你一定是轻松甚至带着些许愉悦的。

而如果还深爱着对方，你心如刀割般的疼痛会让你懂得珍惜，这一次，宁愿错过全世界也不愿错过 TA。

相似的灵魂都会相遇，相惜的人们都会重聚。

真心从来不蒙尘，每一个爱过的人都知道。你的心会告诉你，眼前人，才是心上人。

人生的路太长，坚持到最后的爱太少

桑甜

001/

什么是爱情？

很多人谈了很多恋爱，却越来越看不真切爱情真正的模样。

如果爱着爱着就淡了，走着走着就散了，这样的恋爱还算得上爱情吗？

爱，是人与人之间的强烈依恋、亲近、向往，以及无私专一并且无所不尽其心的情感。它通常是情与欲的对照。

爱情由情爱和性爱两个部分组成，情爱是爱情的灵魂，性爱是爱情的能量，情爱是性爱的先决条件，性爱是情爱的动力，只有如此才能达到至高无上的爱情境界。

现实生活里有些人认为，爱情是需要回报的。

有谁能死心塌地爱一个人而从来不想要回报呢？哪怕只是希望得到

对方的爱。

还有些人说，一个男人爱不爱你，要看他在你身上花费多少的金钱，不花钱就是不爱你。

也有一些人认为，爱情是不需要回报的。

漫漫长路，一个人走得太久，太疲惫，恰好这时候遇到了一个性情相近、兴趣相投、三观相近的人，他们在相处的时间里留下的共同记忆和历史，信任和关心，付出的都是心甘情愿，都是希望对方过得更好，如此便能放心。

可惜，人生的路太长，而这样的人太少。

很多爱人，爱淡了就换个人爱。

唯有一种人，他们爱一个人，就想对她好一生。

大春就是这样的人。

大春说：要是她迷途知返，我就跟她白头到老。

我欣赏大春的这句话。

——题记

002/

大春长的像个书生，却是一头资深老驴，给《国家地理》等杂志供稿，收入不菲；足迹遍布五大洲四大洋，去过南北极，到过火山口，徒步穿越过撒哈拉，是朋友中极具传奇的人物，但他为人低调，从不炫耀自己的经历，平静地隐居在闹市中。

最近半年，大春突然不往外跑了，见面自然也就多了起来，因为我们这群人都喜欢户外，买什么装备，去哪些地方，带什么特产，找大春拿主意非常靠谱，听大春侃侃世界各地风土人情，讲讲摄影构图也津津有味。

有次桑拿天驴友群出去爬山，经过一个湖泊，淙淙山泉碧绿湖水群山环抱，大家争先恐后地下了水，摩西提议比赛水下憋气。

憋气是一门技术活，一般人短则三五秒长则三五分钟就撑不住冒出了水面，比赛完了，大春不见了，衣服和鞋子还在岸上。

这下可把大伙吓坏了，数摩西最紧张，摩西比大春大十几岁，是这里水性好的几个男人之一，噗通一声跳进水里就没了人影。其他水性好的驴友也纷纷跳下水寻找，大家好一通捞，却什么也没捞着，同行的姑娘有一半都蹲在岸边哭了。

最后，摩西在禁止游泳的深水区找到了大春。

一群人赶忙把大春救上了岸，原来大春憋气游过去，没看到湖面的警示牌，这片湖里的水草极其凶猛，缠住了大春的脚，差点要了大春的命。

摩西救了大春的命，两人建立了革命的交情。

2014 年的夏末，大春生日，大家都喝多了，从酒店出来，大春跟我说："走，咱俩去酒吧续摊。"中间我去了趟洗手间，回来一看——不过几分钟时间，桌上躺了三四只空瓶，大春一双手抖得捏不住烟。

我吃了一惊，因为大春平常不怎么抽烟，赶忙问："发生什么事了？"

烟烫着了手，大春才反应过来，平复了好一阵子情绪，眼圈还是红的，说："小满跟一个男的从这儿出去了。"

小满23岁，空中乘务员，是大春的女朋友，瘦瘦高高，一头披肩长发，不说话的时候，像一首优美的小诗。

小满之前说因为要飞米兰不能来参加大春的生日宴，可是现在她竟出现在这里，还被大春给撞到了。

其实小满劈腿旁人，圈中早有传言，只不过劈腿的对象扑朔迷离，大家拿不准，这事儿也只是传言。

我一听，吓了一跳，赶忙安慰他："小满去米兰了，你大概看错了。"说完觉得不够分量，又加重了语气："你一定是看错了！"

大春喉结颤抖了好一阵才吐出三个字："是摩西。"

我激灵灵打了个寒颤，浑身汗毛都竖起来了，摩西救过大春，跟大春的关系非常好，交命的感情。他们两家住在一个小区，聚餐时一个喝多了另一个一定会把对方安全送回家中。

最主要是摩西1999年结的婚，大小满二十岁，足够做小满的父亲。

大春抽了一包烟，我把他断断续续的话连接在一起：小满跟摩西早就好上了，这半年大春憋住没捅出去，就是想给自己和小满一个从头再来的机会。

我问大春："你现在打算怎么办？"

烟盒已经空了，大春掐着烟屁股，嘬了一口，说："一年前我爬乞力马扎罗山的时候，我妈突然心脏病发作，幸亏小满发现得及时，把我妈从死亡线上抢回来，后来我妈做心脏支架手术，几次死里逃生都是小满在身边照顾，我回来之后，我妈已经在 ICU 里住了一周，小满一双眼肿得像桃子……你知道小满是多爱美的一个姑娘，愣是三天没吃没睡没洗脸，在我妈身边照顾……当时我就想，这辈子要往死里爱这姑娘。"

喧闹的酒吧，突然变成了无声的画面。

我说不出话来，安慰地拍了拍大春的肩膀。

然后，我们一瓶接一瓶地喝酒。

003/

世上无不透风的墙，小满和摩西给大春带了绿帽子的消息最终还是不胫而走，驴友们心照不宣，聚会都不再喊大春和摩西，大春和摩西也都有意避着对方。

可神奇的是，不管外人怎么说道，大春和小满也没分手。

有一回，我去跟大春借帐篷，小满飞了米兰，大春正在家里捣鼓一辆都快成废铜烂铁的破自行车。

我说，"大春，车太老了，维修费用比买一辆新车价格还贵，不如买辆新的。"

大春说："你看，是我人生第一辆自行车，大一打了半年工才攒够钱买的，我骑着它第一次进藏，走的川藏线，后来去了尼泊尔、泰国、柬埔寨、越南、老挝……骑行很辛苦，风餐露宿，但是沿途的风景美啊，川藏线上最壮观的就是怒江山七十二道弯，Z字行上山，曲曲折折……"大春话说到一半突然停住，叹了口气，"迂回上山……是为了降低上坡的难度。而且，我当时就是骑这这辆小破车追的小满，载着她看遍了风景，当时这车还没这么破。"

我叹气，不知道如何回答。

大春家里摆满了从世界各地收集回来的纪念品，东西太多，看得眼花缭乱，大春洗了手倒了一杯碧螺春递给我。

大春家的阳台布置得特别雅致，一只吊椅，周围花团锦簇，一侧的书架上摆满了各类书籍，看的出小满花了心思布置。我坐在吊椅上喝着茶望着窗外，一片高楼耸立，我倒怀念大春以前的房子，在城西山脚下，院子里种满了花，可惜拆迁了。

大春这栋楼唯一不好的地方，就两栋楼间距稍近，一眼就看到了对面人家的客厅，客厅里摩西在喝茶……我揉揉眼睛，打了鸡血跳起来打开窗子确认再确认，果真就是摩西！

我转过身激动地看着大春，大春又在捣鼓自行车，平静地问："发现了？"

我说："大春，这他妈是狗血啊，电视剧都没这么编的啊。"

大春说，他是搬过来之后，才发现跟摩西住的那么近，后来小满总在阳台上看书，摩西就在客厅里喝茶，小满进了卧室，就爱拉窗帘，小满一拉窗帘摩西就在客厅的跑步机上爆走……

了解一件事的规律不难，难的是，面对真相。

大春送我出门，我同情地拍了拍他，犹豫了一下说："大春……"

大春伸手制止我说话："我知道你想说什么，可我爱她，我想陪她再走一程，要是她迷途知返我就跟她白头到老，要是她回不了头，我当她是家人，反正在我心里跟她早就是一家人了。"

摩西的老婆听到了风声，约小满去山脚的一个咖啡厅面谈。

小满让我陪她一起去，说有个照应。

平时文文静静的小女生，连遇到蟑螂都会叫起来，也不知道哪来的勇气，目光里都是无畏无惧。

到了约定的地点，摩西太太已经到了，看到小满，愣了一下旋即笑了，说："阳台上见过你几次，每次都在看书，我跟你一样爱看书，我们也算是熟人。"

　　小满不说话，二十来岁的姑娘面对青春不在的女人，无端端生出几分怜悯。

　　摩西太太依旧笑着，眼圈却红了，说："摩西喜欢往北看，是因为我们家客厅北面的墙上有一副画，是我二十三岁那年拍的，你想看吗？"

　　小满点点头。

　　摩西太太从钱包的夹层里小心翼翼地拿出一张拍摄于1997年的照片，小姑娘文文静静，高高瘦瘦，一头黑色长发披在肩上，安静地坐着像一首文艺的小诗。

　　小满看完浑身发抖，相片从手里飘落。

　　摩西太太从容地捡起照片放好，蹒跚离去。

　　不约而同，两个女人都泪流满面。

　　我断断续续从小满那里知道了她和摩西的关系，原来小满和摩西是三年前飞米兰的航班上认识的，小满住城西，摩西住在城东，大春不在家时，小满遇到麻烦就找摩西帮忙，灯泡坏了，水管堵了、感冒住院了、来例假肚子疼了，小满一个电话摩西就飞奔而来，不知不觉小满对他产生了依赖，一次醉酒之后两人突破了底线……

　　宿醉醒来摩西非常后悔，再也不肯见小满。

　　这时大春家拆迁，大春提前结束东欧行程，拿着一堆楼盘广告回家，小满翻了翻，手指"啪"地按在了一户上："就买它。"

小满选的就是现在这户，跟摩西家卧室对着卧室，客厅对着客厅，从此日日相见……

我问小满："你爱大春还是摩西？"

小满很痛苦："我承认我很自私，两个都想爱，两个都不想放。"

可是，哪有人同时能爱两个人？！

004/

那次与摩西太太会面之后，小满死了心，决定跟大春好好过日子，一个月后收到了他们备婚的消息，邀请我做伴娘，婚礼定在三个月后，紧接着是拍婚纱选婚戒，买婚纱礼服……

我买了小礼服，做好了当伴娘的准备，虽然也曾为他们感到过一丝遗憾，可婚姻专家说，婚姻关系一定要有爱，但未必非要多么深爱。你看，大春爱小满，小满也爱大春，组建家庭的前提都有了。

临近婚期，看大春的朋友圈忙得昏天黑地，我们也都不再约他喝酒。

一天深夜，我刚睡下了，突然手机响了，是大春发来的微信留言，说摩西离婚了，小满走了。

我赶忙跑过去，客厅茶几的烟灰缸里满是烟头。大春说，昨天睡得晚，早上十点起的床，小满在卫生间洗脸，大春还躺在床上，小满的手机就在枕头边，滴滴响了两声，是摩西发来微信的：刚刚办了离婚手续，小满，我一无所有了。大春心揪的疼，却不动声色假装睡着了，小满看到微信马上走了出去，再回来的时候眼圈红红的，她跟大春说："差点忘记告诉你，今天下午要飞米兰。"

大春说："我查了一下，今天没有小满的工作安排。"

这顿酒喝得很压抑。

大春喝醉了，躺在地板上说："累了，真累了，想出去走走了。"

真的累了，怎么会想出去走走呢？

茶几上的手机突然响了，是小满打来的，铃声录了小满的声音：老公，接电话，接电话呀……

大春爬过去按了接听。

大春说："小满，你刚到米兰，累了就别说话，听我说，我想好了，我们分手吧，房子、车子留给你，银行卡放在衣柜下面的第二个抽屉里，密码是你的生日，里面还有三十万，往后跟着他好好过。"

大春说完，手机里百分之一的电也用光了，他骂了一句，人还在地上，手伸茶几上，手机咚一声掉进了鱼缸里。

我问："你们还没结婚，又是她劈腿，为什么把家产都给她？"

大春说："从小满 18 岁第一次飞米兰航班，手忙脚乱打翻了橙汁洒了我一身，到现在整整五年，即使没了爱情，还有亲情和恩情，小满老家在农村，下面还有弟弟，父母经济上帮不了她什么，我应当给她准备一些嫁妆，女孩子嫁妆丰厚些过日子才不会吃亏，况且摩西净身出户，怎么能没个住的地方。"

我一觉醒来，大春行李已收拾好。

到了楼下，大春潇洒地背上背包，骑着单车与我挥手作别。

我站在两栋楼之间，前后望了望，两户人家，窗帘闭得严严实实，可谁又知道窗帘背后的故事。

一阵脚步声传来，小满手里拎着高跟鞋，狂奔过来，问我："大春呢？"

我说："走了。"

她问："去哪里？"

我摇摇头。

小满摇摇晃晃走了两步，突然蹲在了地上哭了，说："我还没来得及抱一抱他呢。"

这么急匆匆的跑回来只为了抱一抱他吗？

很多爱人，爱着爱着就淡了，我欣赏大春的豁达：要是她迷途知返就跟她白头到老，要是她回不了头，就当她是家人。

再后来，小满跟摩西也没结婚，倒是传来了摩西和太太复婚的消息。

小满改飞北欧线，工作排得满满的，漂亮的女孩自然不缺人追，可她也没谈恋爱，没过多久升职做了乘务长。

大春走了之后，音信皆无，没有人知道他去了哪里。

一天深夜，我点开朋友圈，看到小满发了极光的配图：有个人曾跟我说，对着极光许愿，恋人就会幸福的在一起。

我鼻子一酸，心想，不知大春现在在哪儿？

我喝了杯牛奶准备睡觉，手机响了，是一个陌生的电话号码，我隐隐觉得是大春，赶忙接听。

果不其然是大春打来的，呼哧呼哧喘着气，说："丫头，睡了吗。"

我张嘴就骂："你还知道出来啊，死哪儿去了？"

他呵呵一笑说："我到挪威了，在 Lofoten 群岛上，这一小片，只有我一个人，到处都是绿光，我仿佛能听到绿光的声音……你知道吗，传说中对着极光许愿，恋人就会幸福的在一起。"

"这传说是小满跟你讲的吧？"

"以前听她提过，就想来看看，小满说这是她很向往的风景，本来打算有机会带小满一起来的，没想到最后还是我一个人来了。"大春在那边叹息。

我一下哽咽了，说："别骚情了，小满还在等你，他们没结婚。而且，小满也去了那儿，你找找她。"

那边突然没有了声音，接着是沉重的呼吸和从远处传来的脚步声。

我记得那脚步声。

半年前，我在大春家楼下听过一次……

005/

　　故事讲完了，故事里的大春对爱情很理性，不需要对方回报。正是因为不要求回报，反而让他获得了真诚的爱人。

　　所谓"种瓜得瓜种豆得豆"，种下爱情未必收获爱情，但一定会收获满满的回忆。

　　人的欲望永远是不被满足的。

　　当得到的达不到预期，就会怨念丛生，男士们认为爱就是为对方花钱。追的时候，送礼物是讨对方欢心，可真到了计算代价的时候，恐怕也早就撕破脸了。所以，我觉得感情还是纯粹一些比较好，不要把爱情当成是满足自己内心私欲的工具，也不要把它当作消除寂寞的慰藉，更不要掺杂任何功利的东西。

　　爱，就是简简单单的喜欢。

　　喜欢，就是简简单单的爱。

　　希望未来的某一天，当你老了，坐在黄昏的大树下回忆往事的时候，会勾起嘴角笑：曾经纯粹的深爱过一个人，对方在我的生命里很重要，至今想起来，满满的都是美好……

做自己最喜欢的那种人，然后遇到一个不需要取悦的人

武芳芳

001/

在这个快餐时代，很多人的生活都进入快速高效的节奏，为了车子、房子，我们每天像陀螺一样转个不停。有多久没有停下脚步和爱人一起吃浪漫晚餐，有多久没有和父母一起家长里短互问安好。

我们有多久没有停下来静静地享受生活，体会爱情的真谛，感受世间的美好。

小安是我大学闺蜜，她有一段唯美的校园爱情，让我们宿舍的女生极为羡慕。后来我们毕业后，各自东奔西走，散落各地，她去了四川，我来了北京。

过年时，我回老家遇见了她。印象中的小安笑起来眼睛像月亮一样明亮，还有她的小酒窝，给人很舒服的感觉。

可我这次遇见她时，看到的却不是我熟悉的那张脸了。她满脸沧桑

的和店里老板讨价还价，穿着不符合她年龄的衣服，眼神里满是疲惫和计较。她看见我时很惊讶，我向她打招呼，她却飞快地低下头，甚至不敢多看我一眼就快速走了。

在此之前，我们都觉得小安过得应该很不错，必竟当初她和她男朋友感情那么好，男友家里条件也非常不错。

我不解。

回到家后，我立刻向母亲说了这件事，问她这是怎么回事。虽说我们许久没有联系，但她是我为数不多的知己好友，她的情况我很担心也很在意。

母亲告诉我，小安正在和她老公闹离婚，他们五年婚姻关系被小三插足，她老公不但要和她离婚，而且听说什么都不肯分给她。现在她在那边待不下去了，只好回到娘家，在家里她父母都觉得丢脸，一心想让她再嫁，给她挑的都是些离异而且年龄很大的人。

听母亲这样说，我心里十分不舒服，立刻想办法联系到小安。

我和小安约在咖啡厅里。在沉默长达半小时后，她哭了起来，痛哭后才开始诉说她的这段婚姻和过往。

她跟着大学男友一起去了男方老家工作。小安家里条件不好，从男友的话里，小安听出来男方家里有些看不上她，男友也迟迟不肯带她见父母，更不提结婚的事，还对外称自己是单身，小安知道后便和他闹分手。

分手期间，小安一个人在四川那个陌生的城市过着两点一线的生活。

小安和 T 君就是那个时期相识的，T 君温柔体贴，在她失恋难过的时候极尽殷勤，两人一来一往联系便多了起来。也许是一个人太过寂寞，也许是城市灯红酒绿迷了眼，他们迅速坠入爱河，交往半年后两人领证并举行了婚礼。

婚后小安便和 T 君父母住一起，刚开始生活还很和谐。婚礼后小安公司里有个大项目，领导安排小安参加。小安因为工作在公司加班，有几次回家晚了些，于是婆婆开始各种嫌弃她，总觉得她把时间和精力都用在了工作了，忽视了自己的儿子。

于是，在婆婆的离间下，小安和 T 君有了第一次吵架，在老公和婆婆强烈反对下，小安辞了工作。按照婆婆的意思，在家里当全职太太。

002/

一年后，小安怀孕了。

在全家都欢喜的时候，她老公却不怎么高兴。原来 T 君升职了，打算存点房子的首付，可是小安怀孕打乱了他的计划。

他让小安去医院把孩子做掉，小安不去，两人大吵特吵。从那时候开始，夫妻俩吵架的频率迅速增加，甚至在一次吵架中，被 T 君推搡了一把，孩子也不小心流掉了。在家里养身体时，婆婆一直给她脸色看，丈夫也对她不冷不热，这让她心里很难受。

当初的热情被生活消磨殆尽，小安怨恨 T 君让自己丢了孩子，T 君也厌烦小安每天的怨妇脸，两人的感情越来越差。

好的一点是，T 君在公司职位越来越高，工作越来越好，生活质量也比以前好了很多。但 T 君把全部的精力都放在工作上，在公司忙得顾不上回家，回家也说不上话，有时十几天都见不到人，在婚后第四年里，T 君连着十几天或几个月都不在家里住的时候，小安开始心慌了。

一天，T 君回来换衣服时，小安从他口袋的发票上发现了 T 君出轨的迹象。

小安伤心至极，开始暗地里跟踪 T 君，发现与 T 君发生关系的是他们公司的同事。小安去 T 君的公司闹，去女方的家里闹，T 君只能把她强行带回家去。回去后，T 君对小安大打出手，并且挑明要和小安离婚。

小安不同意。

之后的日子，小安过的得很煎熬，那个家几乎没有她存在的余地，可是她仍然忍着熬着，希望能挽回自己的婚姻。直到 T 君把女方的孕检单放在小安面前，软的硬的一起上，希望小安在离婚协议上签字。

他说，想给对方和孩子一个名分。

小安痛哭，当初那个信誓旦旦会对自己好一辈子的男人，现在为了给另一个女人名分不惜来伤害自己，这就是自己爱过的男人吗？

　　小安有一瞬间的冲动想和他离了算了，可是一想到自己的离开就是给那小三让位置就不甘心，凭什么自己付出一切得到的是被扫地出门的后果？凭什么她辛辛苦苦经营的家庭要拱手让给伤害自己的人。

　　爱情过后，便是不甘。

　　听到这里，我都不敢相信，更让我不敢相信的是，即使这样，小安还不肯离婚。

003/

　　"他都家暴你了，你为什么不离婚呢？因为爱吗？"我问她。

　　小安自嘲地说："刚开始自然是爱的，我舍不得他，舍不得那个家，我还记得他在婚礼上说的每一句话。但当他在我面前毫不掩饰的展现出他对小三的爱之后，便不是了，心死了，还谈什么爱情。"

　　"既然如此，为什么不痛痛快快地离开，这个家现在能带给你的只剩下伤害。"我叹息。

　　"我离开他后能干什么？我脱离社会太久了，工作不好找。现在的我怕是连自己都养不活！再说，我离婚后就是二婚了，如今我已经快三十岁了，一个三十岁的老女人，要工作没工作，要钱没钱，还是个二婚的。你觉得我能怎么办？至少在这个家里，我还能生存。而且，那小三也不好过，这天下哪有那么容易的事呢？抢了别人的，迟早要还的。"

　　我摇头，犹豫了一会儿对她说："你能做的事有很多，你现在也不过快三十而已，我们年龄差不多，现在重新开始还来得及。你把自己仅剩的青春耗在自己痛恨的人身上，耗在伤害自己的人身上，真的值吗？你也说了，你马上三十岁了，小三多少岁？"

　　小安抱着自己的头，揉乱了自己凌乱的头发，眼神更加痛苦挣扎："可是，我不甘心啊。为了这个家，我付出了所有。"

　　"不甘心什么呢？不甘心这么多年在这个家里浪费的青春，所以要继续浪费吗？你现在找个好工作可能有点难，但是可以从普通工作努力做到自己想要的位置。也许刚开始有点难，但是你不去尝试怎么知道会不会成功？"我问她，接着又说道，"而且，开始另一种生活，无论是好是坏，至少比现在好过，不是吗？"

　　小安抬头看向我，眼中像是看到希望："我真的可以吗？"

　　我点头安慰她："你看看我，我也快三十岁了，到现在还没有男朋友，是标准的剩女吧。但我并不着急，因为我相信爱情，也相信自己能遇到一个爱我如初，疼我入骨的人。但在没有遇见他之前，我能做的就是做自己喜欢的事，不浪费光阴，在时光里让自己变得更加优秀，自然会有人看见我的好。我都可以，你为什么不行呢？而且，你有没有想过你为什么会走到这一天？"

　　"我……"

"因为你已经变得不是当初的你了，又凭什么让别人像当初一样待你？"

小安愣住，有种震惊之后的觉悟。

"相信自己，任何时候都不晚。"

我完全能理解小安的心情，她失去了爱情和家庭，失去了自己的人生，不知道自己的未来在哪里，她对未来的迷茫和不坚定，最重要的是她对自己存在的价值进行否定，让她对生活和未来少了期盼。

有时总觉得女人很柔软，一碰即伤，像花儿般脆弱。敏感，极具缺乏安全感，遇到一点小事心中便起波澜。

可是，当女人醒悔之后，就像钢铁般坚强，身着盔甲，满身光芒。

004/

半年前，小安来了北京。

她在一家文化公司做前台，工资还不错。她告诉我，她主动提出了离婚，用最快的速度和 T 君办了离婚手续，而且她提出净身出户，拿上自己的衣服就回了老家，当时 T 君一脸愕然，在她果断离开的时候，T 君甚至有几分迟疑。

现在小安整个人元气满满，恢复了原来的笑容。

当我们再谈到以前时，小安说她的错在于，她的爱给得太多，就像在市场上发行了太多的钞票，太多便不值钱了。

每一棵大树的成长都要接受阳光，也包容风雨。

她在那段失败的婚姻中学会了成长，也学会了如何爱自己，她有失去但也有收获。她曾经以为她一辈子都不会从那段失败的婚姻里走出来，但就在她以为自己放不下的时候却已经放下了。

她开始充实自己，报了几个培训班，让自己变成更加优秀。

现在，她有了更好的生活，有了以前没有的自信。一切都恢复到结婚前的样子，感觉她年轻了好几岁。

把生活想象得太好，会跌得很重；把生活想得太糟，会丧失活下去的勇气。生活中有一种英雄主义，是认清生活的真相之后，依然热爱生活。

所谓的成长，就是在岁月变迁中，越来越能接受自己本来的样子。能更好地和孤单、失落、挫败的自己相处，打败困难，然后面对它。人活一世，谁都会有生命中的最低潮，那些本以为熬不过去的艰辛，必将使我们更加强大。

在未来的日子里，做自己最喜欢的那种人，然后遇到一个不需要取悦的人。

我们曾一起对抗全世界，可最后还是分手了

苟香初

001/

简单永远无法忘记，她和林俊搬进隔断间的第一天。

十平米还不到的小房间，像个盒子，木头的隔断，唯一的小窗对着过道，大白天也没有一丝光线透进来，空气死闷死闷，床底下躺着许多蟑螂的尸体。简单和林俊花了一整天的时间搞清洁，两人累得满头大汗瘫倒在床时，依然能闻到一股不知道从哪里钻进鼻腔的、类似尿骚的味儿。

简单心里涌上一阵恶心，跑去卫生间要吐，结果别的住户在里面锁着门，任凭她很用力地拍门，里面的人就是不开门。

最后，她硬是把这股恶心的劲一个人给消化完了。

林俊看她难受的样子心疼极了，有点儿手足无措，拿手轻轻拍她的背，却无济于事，他沉默了很久，眼神坚定地说："简单，

等我以后赚到钱了，我们立刻换地儿住，我不会让你跟着我吃太久的苦。"

简单笑了。

虽然很苦，但是有林俊的这番话，她觉得一切都很值得。

是的，这样的生活不会持续很久，只要她和林俊一起努力。林俊那么优秀，她虽然不优秀，可是她可以更努力更勤快一些。相信要不了多久，他们就能一起搬离这里，住进更好的地方。

嗯，新房子一定要有一扇窗，对着外面的阳光。

安顿下来之后，两个人就开始张罗着找工作。

简单在到达北京之前，就已经在网络上四处投递简历。当时林俊还笑她傻，找工作应该慢慢来，太急的话反而会丢失很多重要的机会，随便找个工作应付着还不如一次性找个好点的，也省得到时不停地换。

可是简单却觉得，北京不比家里，这里每天的花费都很高，多耽误一天就要白白浪费很多开支，她宁愿先找个差不多的工作做起来，慢慢学习，慢慢寻找更适合自己的，再说，去工作之前，谁能确定哪家公司一定适合自己呢？

简单面试了几家之后，经过仔细考虑和对比，在第三天的时候就已经敲定了工作，是一家发展不错、福利也很不错的公司，朝九晚五，还有双休，她觉得棒极了。

　　林俊没想到简单找工作会这么顺利，而且工作看起来还不错的样子，他虽然没说什么，但也不像之前那么挑了，开始在网上投简历，还下载了几个找工作的APP，他的简历上写了自己的资历，以及希望得到的待遇，但不知怎么回事，一直没有收到面试通知。

　　林俊是念建筑的，他想当一个优秀的建筑师，但他没有工作经验，很多公司都不愿聘请应届毕业生，哪怕愿意聘请，也希望他们从底层开始做起。

　　一晃两周过去，林俊有点焦虑，迫不得已，他降低了简历上的条件，有些实在不愿意放弃条件的便写得模棱两可，希望面谈之后得到机会。简历重新投递陆陆续续收到了回复，他也兴匆匆地跑去面试，可HR都希望他可以从底层做起，也就是去工地先干一段时间的活，再去公司上班。

　　林俊不乐意，他是在名牌大学毕业的，实习的时候已经下过工地干过一段时间，每天不知道要吃多少"吨"土和沙尘，他不愿意再过那样的生活。

　　简单已经上了半个月的班，可是林俊还在出租屋里无所事事，实在闲得无聊了，便玩会儿手机游戏，有时候一玩就玩到半夜两点。

　　简单睡得浅，经常被手机的灯光和窗外的声音干扰。

　　北漂过的人应该都了解，如果在比较老的房子里合租，合租屋里除了基本规格的房间，中介还会偷偷多弄一两个隔断间加收租金。通常，隔断间的小窗户对着走廊，外面的动静都能听个一清二楚，更别想有任何的隔音效果。

小隔断的小窗在东南角的位置，正对着对面门口，所有租户回家都能听见。要是有人半夜回来，简单会被那些不加掩饰的脚步声惊醒。

每天凌晨一两点好不容易快要入眠，又被窗外的声音惊醒，早上六点又得起床上班，她顶着两个熊猫眼，经常上班上着上着就开始打盹，因此被部门领导点名批评了好几次。

现在已经凌晨 2 点了，小屋里分不清白天夜晚，脑袋旁边手机游戏的光闪闪烁烁，她迷迷糊糊刚要入睡，外面传来"砰"一声关门的巨响。

简单又累又困，一睁眼就看到林俊玩游戏投入的表情，只觉得有些委屈，她希望林俊早点休息，或者先找个工作做起来，以后慢慢再换。

她干脆不睡了，第一次试着劝他：哪有人刚开始工作就很顺利的，没有后台的人都是从底层开始一步一步往上爬的，要想成为人上人，就要吃得苦中苦。

林俊大概从没想过，普通甚至平庸的简单会对他说出这样的话，以前向来只有他安慰她，现在她有了工作，就开始嫌弃自己无所事事了吗？

他隐忍着没有说什么，只是模棱两可地点点头，沉着一张脸关了手机，背对着简单睡去。

简单看他应付的表情，就知道他没听进去，经过刚才一闹，简单已睡意全无，只能睁着眼睛盯着黑漆漆的天花板，她突然有些迷惑自己为什么要和林俊住在这么一个地方，自己想要的未来真的那么容易到来吗。

她侧头看向林俊，然而，身旁的林俊丝毫不受影响，已经沉沉睡去，还发出轻微的鼾声。

简单觉得心里有些难受。

但是她安慰自己，林俊只是没找到工作，只要他找到了工作，一定会努力，一定会像当初说的那样一起为未来而奋斗。

简单用布做了个简易的眼罩，耳朵里塞了棉花，她花了两个月的时间，才勉强适应这种住宿环境。

一个房子能塞下四五户人家，每一户都是两个人住的话，总共有将近十个人，卫生间却只有一个。虽然同住一个屋檐下，可她和其他人基本都是错开时间用卫生间和上下班，所以就算在楼下碰到他们，其实也都不认识。

房租很贵，环境很恶劣，但没办法，谁让她放着好好的老家生活不享受，偏要来北京活受罪呢。

002/

她开始来北京，纯属是想陪着林俊一起奋斗，但真的在北京工作了一段时间之后，却有些喜欢上了这个城市。

在家乡虽然安逸，过得也舒服，可是人会慢慢变得懒散。而在北京，每一个人都在争分夺秒的拼搏，每天在地铁上看到匆匆忙忙的行人，到公司看到同事们忙忙碌碌的身影，简单就觉得自己充满了斗志。

简单觉得，北京是一个充满诱惑力的城市，虽然立足不易，但有太多的发展机会。北京很大，耳熟能详的天安门、故宫这些地方，每到周末，她都希望林俊可以带她都走一遍，可林俊却说，自己找工作都忙不过来，哪有那么多空闲的时间陪她到处逛。

一次两次，她也懒得叫了。

她偶尔会自己出去逛，去大望路、国贸、三里屯，每次都只逛不买。可她看到有很多人，轻轻松松刷个卡就划掉几万块，他们看上去很高贵，过着很精致的生活，吃好的穿好的用好的，仿佛没有忧愁，嘴角永远都是上扬的。

说真的，简单有些羡慕，虽然她的梦想只是和林俊简简单单在一起，但她也希望自己有一天能有能力过自己想过的生活，她不知道她和林俊要拼多少年，才能到达这些人一半的生活水平。

后来，林俊还是硬着头皮去上班了。

毕竟他刚毕业，有自己的骨气和尊严，不可能靠简单来养他。

虽然工作又苦又累，可他早睡早起的忙碌身影，又让简单看到了希望，她脸上的笑容渐渐变得多了起来，发工资后她买了个便宜的电磁炉，有时候下班早了还能给林俊做一顿热腾腾的菜，或者直接涮个火锅，也能和林俊吃得热火朝天。

在这么艰苦的环境，简单竟然觉得心里充满了快乐和满足。

无论环境多么艰苦，至少现在，他们可以一起面对，能一起开开心心吃一顿饭，就是最大的幸福。

有一天，简单下班时，看到她放在门外的小走廊上的鞋子不见了，虽然鞋子很破很旧了，可丢了的话她就得重新买，重新买就得花钱。于是逐户逐户地敲门，问人家有没有看见自己的鞋子，都说没有。

林俊回来知道后，直接沉下脸："你不是刚发了工资吗？鞋子不见了就再买一双好了，那么破的一双鞋子，估计被阿姨当垃圾收走了，你怎么还去打扰其他人……"

言外之意是：一双破鞋子不见了，还敲人家的门问，丢人不丢人？

"可一双鞋几十块钱呢，我们现在能节省尽量节省一点啊。"简单觉得委屈，忍不住和林俊闹了起来，小小的隔断间不隔音，动静那么大，可其他住户都像没听见似的。

林俊脸一沉："能不那么大声吗？你怕别人都听不见是不是，你上次给我买的那双不是还两百多，怎么不说节省。你是在暗示我，你工资比我高很多？现在干嘛装得像没钱花一样！简单，你现在是不是觉得跟着我受委屈了？"

简单的眼泪夺眶而出，她没想到林俊会这样想他。

林俊天天在工地跑，脚磨出了水泡，她看得心疼，才省吃俭用买了一双品牌的运动鞋送给他，而自己还穿着从老家带来的破鞋子，都快磨烂了还舍不得买一双新的。

她还以为他很喜欢那双鞋，可没想到他竟然觉得自己在炫耀。

003/

那一晚，简单是哭着入睡的。

她做了一个梦，梦见她回到高中，回到刚和林俊认识的那段时光。

高中时期的简单，真的太普通了，虽然她觉得现在的自己也一样普通，但林俊不一样，从小学开始就担任班长，是全面发展的人才，学习和运动都很好，朋友也很多。

简单一直觉得，林俊那么优秀，怎么会看上她呢。

那时候，因为成绩普通，简单被老师安排坐到林俊的后座。简单每天上课都能看到林俊的后脑勺，看着看着，竟然生出一种不一样的情愫来。

简单主动向林俊请教作业，问他数学题怎么解，都是很普通的问题。但慢慢地，林俊竟然也会主动问她今天老师在课堂上讲的知识点听没听明白，听不懂的地方可以问他。他的讲解清晰简单，比老师教得都好。

她越来越崇拜这个俊朗又聪明的男孩子。

简单至今都觉得意外，像林俊那样的男神竟然会青睐于她。

虽然家里不允许她在高中谈恋爱，但外界的因素阻挡不了两个小年轻互生好感，他们躲着老师，躲着家长，珍惜可以在一起的分分秒秒。

在这样单纯又烂漫的时光中，她和林俊顶着压力，偷偷地确定了情侣关系，他们互相喜欢着彼此，没有俗套的谁追谁，一切都是顺其自然、水到渠成。

可是林俊的父母不同意他们在一起，因为简单成绩不好，林俊那么优秀，他们不想让一个平庸的女孩毁了林俊的未来。

他们想方设法阻止林俊和简单交往，却没办法阻止两颗紧紧靠在一起的心。有一次，他俩被林俊的父母堵在校门口，在他父母咄咄逼人的威逼嘲讽中，简单站出来，目光坚定地对林俊的父母保证："我一定会考上重点大学，不会拖林俊的后腿，如果考不上，我就离开他。"

林俊的父母再无话可说，他们不认为这个成绩中下的女孩能考上和自己儿子一样重点的大学，于是点头应允。

简单很感激林俊。

她觉得以自己的资质，没有林俊的私下辅导，自己肯定考不上大学的。可能是爱情的魔力和鞭笞，她把初中高中的课本挨着过了一遍，不懂的题也由林俊一道一道地讲解，经常熬夜学习到半夜两三点，她的辛苦终有回报。

那一年，他们俩一起考进了西安最好的大学。

林俊的父母没有理由再去阻止，默许了他们交往。

年轻时候的爱情，朦胧又纯洁，简单觉得自己像是中了五千万的乐透，林俊就是她的全世界。

他们在西安念大学的四年，两人的感情不仅没有消退，反而越来越好，越来越稳定，是旁人眼中的金童玉女。

本来按照简单和双方家人的想法，她和林俊大学毕业后就结婚。

然而，林俊却不想那么早结婚，他清楚一旦结了婚，在西安买了房定下来，人生几乎也被定下来了。

他不愿意过这种一眼就能看到头的生活。

他还有梦，他还有理想，他还有澎湃的热情和斗志，男儿志在四方，让他这么早被捆绑在一个小城市，他不甘。

"简单，我想去北京闯一闯，你愿意陪着我吗？"

简单有些犹豫，虽然她很想现在就嫁给林俊，但也不希望自己成为林俊的束缚，如果林俊真的想去拼一拼，她有什么理由因为自己的自私去阻挡他的前途呢？更何况，只要在他身边，有什么是不可以呢？

"你去哪儿，我就跟你去哪儿。"简单笑。

在简单准备离开家的时候，简单的父母老泪纵横，都劝简单和林俊留下来："孩子，你太傻了，北漂很辛苦的，留在家里发展不好吗？和林俊赶紧结婚，生个娃，趁爸妈还年轻，还能帮你们带带。北京那种大城市，去了就容易被繁华迷惑，指不定会出什么变故……"

"叔叔阿姨，我和简单好不容易才走到一起，我不会被外面的繁华迷惑，我只希望带简单去外面的世界看一看，去北京闯一闯，你们给我几年的时间，我如果闯不出名堂来，到时我就带简单回家结婚。"林俊紧紧地牵着简单的手，脸上的表情坚定而自信。

简单当时心里很受触动，她觉得林俊长大了，而且有担当有责任，是一个堂堂正正的男子汉。

她义无反顾地跟着他来到北京，成为两千万人中的其中两个渺小的存在。

他们扛过了风风雨雨，终于在这个大城市立足，迎接她的却是两人越来越大的感情间隙。

简单的委屈没有告诉林俊，她没有时间，也没有精力，她有很多的工作要做，未来的路很长，而她觉得自己还可以更努力一点，她相信，现在的间隙都是暂时的，只要林俊的工作顺利起来，一切都会像当初想象的一样美好。

林俊知道自己的脾气发得有些莫名其妙，为了不被简单比下去，他起早贪黑地去工地上班，晚上下班还要陪领导去喝酒应酬，有时候三更半夜才能回家，那时地铁早就停运了，他只能打车回来。

他那么努力，可是一个月下来，赚的钱却和简单的差不多。

反之，简单工作轻松，每天准时上下班，还有双休，周末去逛逛街，下班还能捯饬他们的小屋子。

林俊有些不能接受，看着简单快乐的样子，心里竟有些不舒服。

他从前是多么优秀的风云人物啊，从小到大都过得顺风顺水的，怎么雄心昂昂地来到北京，生活却变得一塌糊涂呢？

他们来北京已经快半年了，现在简单工资比他高，工作比他轻松，而他努力了那么久，却没有一点点升职的苗头，简单却做得越来越好，会不会有一天，她开始嫌弃他呢？

他有些莫名的慌乱，心里越来越不平衡，自己各方面都比简单优秀，为什么会落到这个地步？

004/

简单当然不会知道林俊的想法。

她只是一天比一天更加努力，她相信只要自己和林俊不放弃，努力奋斗，日子一定会慢慢好起来。林俊的工作辛苦，她觉得自己只有更努力更勤奋一点，才能为他分担一些压力。

在公司，简单虽然长得普通，但待人接物都彬彬有礼，态度也很温和，做事又努力勤奋，同事和领导也很喜欢她。

公司的同事都知道简单有个帅气有才的男朋友，每次同事八卦林俊的事情时，简单都会笑得像吃了蜜一样，时间久了，她觉得北漂也没有想象中那么辛苦，没经历过共同奋斗的爱情，哪能长久呢？

不知道从什么时候开始，林俊的脾气变得越来越糟糕。

他在工地上受气了，回家会找简单出气；他在应酬中被甲方骂了，回家也找简单出气；他多次申请到办公室上班，申请没有被领导批准，他也找简单出气。

简单开始体谅他，觉得他因为工作的问题受了气，不管自己心里多难受，她都忍了。

但慢慢地，林俊不但没有因为简单的忍让有所收敛，反而变本加厉！

从饭菜不好吃，到简单回家偶尔晚一次，再到最后哪怕简单说一句话，都会被林俊甩脸色或者直接破口大骂。

简单不是圣人，她受不了那么多委屈，她开始反抗，开始为自己辩解，可林俊像是找到了发泄的导火索，更是一发不可收拾，两个人最开始只是压抑着争吵，后来战火逐渐升级，不论合租屋有人没人，直接吵得天崩地裂。

简单的好脾气没有了，她只要受到一点点刺激就容易条件反射地保护自己，与林俊针锋相对。

而林俊变成了一只怪兽，骂出来的话越来越难听，极富攻击性。他在简单心里温文尔雅、俊朗帅气的形象倒塌了，变得像菜市场的泼妇一样嘴脸丑恶。

简单心里的失望越攒越多，直到一颗心快凉透了，才发现自己已经很久都没有笑过了。

林俊偶尔的示好和温柔已经不能让她感到快乐，她的心里满满的都是悲伤，一直到她想要逃离林俊身边的示好，才后知后觉地发现，自己和林俊已经回不到过去的那种甜蜜感觉了。

她不知道哪里出了问题。

明明她和林俊都在努力地工作，努力地奋斗，为了两个人的未来而拼搏，可是怎么越走越远了呢？

她在无数个夜深人静的凌晨反复思考，慢慢发现，他们好像是来到北京之后才变得不如意的。

以前，林俊永远是众人眼中的焦点，是自己眼中的男神，她与他相处，永远都是仰望着他的。可是现在，处处不如他的自己，找到了一份还算稳定的工作，同事和睦领导有爱，而他却每天被生活打磨，现实和他预想中差了太多，她和他的处境，变得越来越不一样。

仿佛是双行线，一个变得越来越好，一个变得越来越糟糕。

或许，离开北京会改变这一切？

简单想着，虽然她很舍不得现在的工作，以及自己辛辛苦苦努力到现在的成绩，但在她的心里，林俊依然还是最重要的，她渴望回到过去那样两个人简单幸福的日子。

她继续煎熬着，不知道这样的日子什么时候才是个尽头。

005/

直到有一天，林俊白天和简单吵架之后一晚上都没回家，简单坐立不安地等了一宿，打他手机也一直显示关机。快天亮时，才接到林俊电话说自己在医院，让她带现金过来医院缴费。

简单一听医院，差点吓哭了，火急火燎地赶过去，在急诊室看到林俊被人打得鼻青脸肿。

原来，林俊昨晚又被领导拉着出去应酬喝酒，甲方的人借着酒意在林俊身上开低俗不雅的玩笑，他平时听听也就算了，但昨晚不知道怎么了，可能因为白天和简单吵了架，火气没忍下去，腾地站起来，一拳挥到甲方的脸上。

就这样和人打了起来。

简单的眼泪不断流下,这不是她想看到的画面,她一边哭一边劝林俊:"林俊,咱们不北漂了,咱们回家好吗?"

林俊痛苦地阖了阖眼,然后又缓缓地睁开眼睛。

"不,我不甘心。"他咬牙切齿地说。

"难道我们的爱情,真的比不上你的梦想吗?"简单哭喊。

林俊沉默了很久,避开了简单绝望的眼神。

不出意料,林俊第二天就被工地辞退了,还因为打人的事情要赔偿甲方几万块的医药费和精神损失费。这几个月吃饭、交完房租后根本没剩几个钱,简单不敢打电话给爸妈借钱,只好找同学凑了一些钱赔给人家。

那段时间,为了还钱,简单没日没夜地加班,周末也不休息,工作上什么活苦什么活累,别人不愿意做的她都抢着去做。

林俊呢,自暴自弃地待在家里,简单一催他,他就说等身体的伤好了再重新找工作。

简单实在没有精力再跟他争论什么,她第一次发现,原来,人在被逼到一定的程度,会爆发一种潜藏的力量。

简单的努力被同事和领导看到,有说风凉话的,有嫉妒的,但熟悉简单的人都知道简单这么拼命是因为欠了不少钱,而领导也被简单的拼劲打动,对她另眼相看,开始有意提携她。

简单受宠若惊，她从没想过，自己这样普通资质的女孩，有一天也会被公司重用，她开始明白，只要够努力，够坚持，当初渴望的一切，并不是不可能达成，只是前进的路上有太多艰难坎坷。

有些人面对艰难放弃了、退缩了。

有些人表面上还在坚持，但其实精神上已经被摧毁了，失去了最初的拼劲。

而极少人坚持了下来。

而简单就是这极少部分的人，她终于守得云开见月明，开始在自己辛苦付出的事业上慢慢有所收获，她升了职，加了薪，而且还经常受到领导的表扬。在工作上被肯定带给她的快乐逐渐超过了感情上带给她的伤痛。

为了忽视心中的痛楚，她用忙碌来麻痹自己，便投入更多精力在工作上。

就这样，简单变得越来越忙，忙得忘了林俊的生日，忙得忘了情侣之间都会过的纪念日，忙得每一天凌晨才能踩着月光回家，一早又在林俊还没醒时出门上班。

他俩的交流越来越少，但简单的积蓄变得越来越多。

简单知道自己仍然深爱着林俊，可面对林俊的颓废又有些无可奈何，她知道林俊现在是低潮期，自己应该更包容他一些，可一颗心渐渐凉掉的感觉太清晰，她无法忽视。

有时候她突然觉得，或许和林俊分开，自己可以过得比现在更快乐，但一想到要离开自己深爱的人，她就觉得心痛得不能呼吸。

简单又在会议上受到了表彰，年底了，简单带的小组业绩获得了区域第一名，公司给简单发了奖金，还颁发了证书，并且有意提拔简单去更高的职位发展，简单抱着金灿灿的证书，却开心不起来。

其实如果不是林俊出事赔钱，她根本不知道，自己也有潜力成为这么优秀的职场精英。

那种能被上司肯定，放心给她更多资源让她去开拓的感觉，那种能够跟同事一起并肩作战的感觉，实在太好，她渐渐有些喜欢上了这种感觉，她觉得自己还可以做得更好，可以变得更好，她的未来还有更大的世界可以去开拓。

但这样的热情在每次回到出租房的一刻，瞬间又变得支离破碎。

林俊越来越沉默。

他发现，自从来到北京以后，他一天开心日子都没过过，他和简单过得越来越不如意，他的豪情壮志，被现实践踏得支离破碎，他的自信和自尊也在生活中一点点被踩进淤泥里。

后来，他也陆续找过几份新的工作，但统统做不长久，他的脾气不可控制，越来越暴躁，动不动就骂人甚至打人，有时候冲动起来竟然想对简单出手，所有人都怕了他。

连林俊自己也不知道自己是怎么了，他从前明明不是这个样子的。

006/

"一定是北京这个鬼地方害我变成这样的！"林俊发疯一般地怒吼，可是回应他的，只有隔断间的三面灰扑扑的墙。

什么前途，什么壮志，什么理想！

他只希望能找回以前的自信和骄傲，其他什么都不重要了，他要离开这里！

"简单，我们回家吧。我不想再追求所谓的梦想了，我厌倦了这里，我承认，我失败了，我们回去，你做你的小学老师，我找一份简简单单的工作，我们回去就结婚，再也不要瞎折腾了，好吗？"

简单没想到林俊会突然提出回家，她的事业已经稳定，而且越做越好，现在让她回去做老师，她承认，她接受不了，也很抗拒。而且，以林俊现在的状态，真的放弃一切回到家乡，就会好转吗？

她不那样认为。

"我觉得，你应该想想这两年，你究竟做了些什么？"

"我做什么你不知道吗？我比任何人都努力，我低头哈腰受尽冷嘲热讽，我去拍领导的马屁，那是我这辈子都无法忘记的耻辱，我被那些狗腿子嘲笑，我起早贪黑去干活，尽量让领导看到我的才华，哪怕有一点点机会我都不会放过，可是他们却视而不见！我受了多少委屈，付出了多少尊严？而你呢，只知道像个白痴一样卖力去干活，然后得到公司赏识！埋头蛮干有用吗？难道不是才华最重要吗？可是我根本连发挥的余地都没有！为什么这个世界对我这么不公平？"林俊克制不住地冲简单大吼。

简单眼睛发红，却克制着自己的情绪，让自己的语气温柔而冷静，她不再像两年前那样唯唯诺诺，而是温柔坚定："所有人的努力都不会白费，但努力不是盲目地急于求成，这两年来，你真的想过踏踏实实去做好自己本职的工作吗？你的目标一直都定得很高，却从没有真正把心思放在现在正在做的事情上，你用再大的力气，领导看到的只是你的好高骛远，又怎么可能放心提拔你呢？"

他为什么不肯承认是因为他自己的原因，才导致这一切的失败！

"现在连你都可以教训我了吗？你以前不是最崇拜我吗？简单，连你都看不起我是不是？我好高骛远？难道我的才华配不上我的目标？我哪一点不如你？！"林俊失控地大吼，抓住简单的肩膀使劲摇晃。

简单用力地推开了他，大喊道："你的才华我比任何人都清楚，可是踏实比才华更重要，你有潜力成为高楼大厦，可不打好根基，所有的一切不过是白日做梦而已！"

那一刹，简单觉得自己对林俊的失望到达了顶点。

"说白了，你只是不愿意陪我回老家，你就是舍不得你那高薪工作，我们的感情对你来说早都不值一提了吧，你连我的生日都忘了，你敢说你还爱我？不要装得那么清高，你早已经被北京的繁华迷得晕头转向，简单，我真是看透你了。"林俊看着她冷笑。

"在我想待在家乡和你厮守的时候，北京，你说来就来。如今，我努力了这么久，刚刚有了一点成绩，你却说要走。你不觉得你很自私吗？"

简单夺门而出，而林俊没有追出来。

那天，简单一个人在北京的街头走了很久很久。

第二天，等林俊下班回来的时候，人去楼空，简单已经搬走了。

新房子距离公司很近，电梯房，两户合租。简单的屋子有个小阳台，光线充足，很明亮，窗外有一连片的大树，打开窗户，一股清新的空气迎面扑来。

她蜷缩在阳台的躺椅上出了神。

刚来北京的时候简单就发誓，一定会从这里搬出去，住进更好的地方，有个窗户，可她从来都没有想过，有一天她会一个人离开那个阴暗潮湿、到处散发着恶臭的隔断间。

只有她，不能带上林俊。

手机响了，是林俊，她按了免提。

"简单，我知错了，我们回老家吧！我们回去结婚，然后……"简单定定地看着林俊的名字，看着看着，眼泪就流了下来。

电话那头，林俊不断地道歉，一把鼻涕一把眼泪地问她在哪里，祈求她不要离开。他说他已经订好回去的车票，他还记得自己怎么答应简单的父母，要带她回家结婚生子的，他说他觉得自己现在就可以兑现这个承诺。

他自欺欺人的以为，简单和多年前一样，不论他说什么，她都会听，都会跟着他走的。

"我要留下来。"简单说。

"留下来，你拿什么留下来？就算你工作还不错，想在这个地方立足还差远了，你在北京没车没房的……哦，我懂了，你是不是想找个北京人把自己嫁了？你已经看不起我了是吗？"

"是的，我已经看不起你了。"简单擦干眼泪，声音冷冽而刺骨，一字一句的说，"当初那个让我崇拜的林俊，那个像男子汉一样的林俊，已经被生活活埋了。"

直到现在，林俊还是没想过，真正的问题到底出在哪里。

他那样骄傲的人，恐怕永远都不会检讨自己。

"攒够了失望，就离开吧。"

简单心里默默地想，她很快便收拾好情绪，果断地挂了林俊的电话。

她从前最想过那种一眼就能看到头的生活，因为那种生活简单、安心、舒适。可现在，她不想了，她的生命中有了更多的追求，她弄丢了林俊，不想再弄丢了自己，以前浑浑噩噩的半生，是该认真地道个别了。

007/

简单决定留在北京，也决定和林俊分手。

她舍不得公司的氛围和事业，更舍不得的，是被逼到绝境、心无杂念地发狠拼命的那个自己。

她从来没想过，原来她的人生，不仅仅可以做个普通的妻子，还可以做更多事情，她不仅仅可以简简单单走完一眼看到头的人生，还可以做更多的事，实现更多的自我价值。

如果可以，她其实是愿意放弃一切和林俊在一起的，哪怕甘心做一个幸福的小女人，但她爱的那个林俊已经不在了，她不知道他还会不会回来，但她会站在这个地方，再等等他。

一直到，可以一个人继续往前走的那一天。

生活并不是童话，没有那么多圆满而美好的结局，很快，简单就得到消息，林俊在西安娶了别人。

那一刻，她哭了，哭着哭着又笑了。

一个女孩，被最爱的男孩彻底伤害过，或者对这个人完全失望过后，她才会知道自己要的是什么。

明天过后，她会好好拥抱自己的未来。

她在那张林俊临走前留给她的车票上写下：

我们曾一起对抗全世界，可最后还是分手了。

第三部分　｜　生命中有裂缝，

阳光才能照进来

你替孩子走的路，最后都成了坑

李月亮

001/

前几天又被一则新闻刷新了三观。

今年 48 岁的大卫，上海人，从小就是学霸，大学读的是同济，后来又在加拿大名校滑铁卢大学拿到了工程硕士学位。

算是传说中的"别人家孩子"了。

但是——

6 年前他回国后，一直不肯工作，天天窝在家里。白天睡觉，晚上玩游戏，靠老妈给一点生活费苟活。而他老妈丁阿婆已经 82 岁了，有尿毒症，每周需要去坐三次公交车去做透析。

丁阿婆一个月 3500 元退休金，医疗费要花 2000 多元，还要养活自己和儿子，深感力不从心。她苦苦劝儿子出去工作，他却死活不肯。

身心俱疲之下，丁阿婆准备去法院告儿子，让他出赡养费，以此逼迫他工作。但找了律师后发现，就算胜诉，儿子要是依然不肯工作，法院也没办法。

丁阿婆无奈撤诉。

对于今天的局面，她懊悔不已："我教育不对，样样包办，他从小样样用现成的，依赖惯了……"

而这个儿子也把自己的种种不顺归咎在老妈身上，说是老妈的溺爱毁了他的前途。

丁阿婆抹着眼泪说："我毁了你前途，我有罪……"

真是让人心酸。

养儿一场实属不易，把儿子培养成高端人才更不易，到头来竟是这么个结果。儿子自身当然有很大问题，但作为家长，我们更该深思这种巨婴的成因。丁阿婆那句"他样样用现成的，依赖惯了"，值得所有父母警醒。

002/

长沙也曾有个类似的新闻。

一个 29 岁的男子，小学辍学，无所事事 N 年后，跟着父亲去做苦力。

因为活太重，他没做几天就放弃了，转而去学理发。理发学了半个月，他又走了，原因是"总被师父刁难"。

后来他在酒店当了上菜员，待遇还算不错，但因为"没力气干活，老板总说侮辱的话，受不了"，又走了。

他还去玩具厂、制衣厂打过工，都没干多久，因为"总被认为是小偷，被人打"……

后来他就回了家。大夏天的，患糖尿病的父亲出去搬砖，他就在家里玩手机，饭也不做。父亲不能忍，把他赶出了家门。

他不解，也不服："我没有能力，父母有能力，他们为什么不能养我？"

于是气恼地去找律师，想状告父母不养之罪。

邻居们看着都生气。但还是说：也怪他娘，从小不让他做事，弄得现在一点苦都吃不了。

——和那个海归硕士一样，也是被"从小样样用现成的"害的。

003/

每个父母在样样替孩子包办的时候，都不会意识到自己在养一个巨婴。

但事实上，"成年而不自立"已经是个普遍的社会现象。中国老龄科研中心统计，在城市里，我国有 65% 以上的家庭存在"老养小"现象，有 30% 左右的成年人依靠父母为其支出部分甚至全部生活费。

未来，"巨婴啃老"将极大的困扰着中国父母。

　　只是大部分家长还没意识到"教孩子独立"有多重要，还在以爱之名为孩子包办一切，还傻傻地说"别的不用管，你只要学习好就行了"，还以为"孩子长大自然就独立了"……

　　我表姐就是这种孩子。

　　表姐是全职妈妈，又很疼孩子，所以什么都帮孩子做了。

　　表姐的女儿五岁，吃饭还靠她一勺勺喂。

　　孩子上一年级，每天都是她帮忙装书包。

　　孩子四年级还不会系鞋带，有天在学校鞋带开了，自己乱七八糟打了十几个死结。

　　每次学校要求孩子回家做手工，表姐都全权代劳，孩子拿到学校总受表扬。有次表姐帮女儿做了太阳花折纸，得意地向我展示，说"肯定是她们班最好的。"

　　我说："学校明明要求孩子自己做，你管太多了。"

　　她不在乎："我做得又快又好，何乐而不为？有这时间她学习学习多好。"

　　我送她俩字："傻妈。"

　　她不服："我闺女说我是世界上最好的妈。"

　　唉。

　　孩子懂什么呢？她知道去日苦多、不练出一身硬本事不足以扛起这一生吗？

她只知道你此刻让我舒服快乐，你就是好人。

孩子不懂，大人再不懂，她如何学会自己撑起一片天？

杨绛的父亲说：教育孩子独立，胜过当第一。

的确，不独立的孩子，再优秀也很难活得幸福自在。

偏偏中国家长最喜欢包办一切。

因为爱，也因为省事。

教孩子系鞋带很麻烦，可能一天一夜都教不会。但你帮他系，三秒钟就搞定。让孩子整理书包很艰难，要喊八遍揍三回他才去。但你帮他整理，一分钟就搞定。于是，我们就二话不说代劳了，并暗暗宽慰自己：没关系，这些小事，他大了自然就会了。

这是个特别错误的认知。

8 岁时你没教他系鞋带，20 岁时他的确学会了。但 20 岁明明已经该打工赚钱养自己了，他却只学会了系鞋带。

人的能力是循序渐进的。

一个从来没有独立能力的孩子，绝不可能在大学毕业的第一天，就忽然可以整理房间，洗衣做饭，照顾好自己了。更不可能立刻就能兢兢业业工作、方方面面周全、和领导同事相处良好。

就像一个从没读过书的孩子，不可能在 18 岁那年走进高考考场，就轻轻松松考上理想大学。

没有一个孩子会一夜长大。

8岁时你不让他自己整理书包，18岁时你不让他独自处理麻烦，28岁你还给他钱买名牌鞋，就难保他不会48岁依然在啃老。

其实那种从不教孩子独立的父母，才是最无知最残忍的。

就像一只老鹰从不教小鹰飞翔，却在成年后不由分说把它推下悬崖。

养孩子这件事，过程错了，结果一定错。

其实每个孩子都有自己必须要面对的麻烦和压力，如果你非要代劳，那么所有你替他走的路，日后都可能变成他爬不出的坑。

004/

知乎上有个问题：为什么很多人啃老却没有羞耻感呢？

有个年轻人答：

父母如果不能让孩子幸福，生他干嘛？有钱养得起就可以。你孩子成年后出去工作累死累活你很开心？

多可怕。

啃老啃出正义感了。

而这种心态，一定事出有因。

我儿子的老师说，现在的孩子越来越依赖家长。红领巾脏了怪妈妈没洗，没穿校服怪妈妈没提醒，没带水杯怪妈妈忘了给他装。

你问他："你自己会装水杯吗？"

他就特自然地说："会，但一直都是我妈给我装的啊。"

老师也是没辙。

他们学校要求孩子每天听 20 分钟英语，听完找家长签字，证明听过了。

刚开始常有孩子不签，老师一问，都是"我听了，我妈没给我签"。

言外之意，怪我妈。

老师就明明白白说：让家长签字，这是你的任务，你必须把本子拿给他们，看着他们签好，他们要是忙，就等会儿再找，两次不签就找三次。总之，这是你必须做的，做不好我就批评你，而不是你父母。

但有一天，又一个女生没签，理由又是"我妈忘了"。

老师批评了她。

不想没一会儿，女生的妈妈火急火燎给老师留言，说"糟了忘了给孩子签字，是我的错，别批评孩子"。

老师说，她找您签字了吗？

妈妈说没找，一直都是她主动给孩子签的。

老师有点气，说：您想过吗，如果孩子将来工作了，很多事要找领导签字，领导会说"你不用管，我每天想着签"吗？如果她有重要的合同今天必须签字，但领导在开会，她就放那不管了，最后丢了大单子，她跟领导说"没办法那天你在开会"，领导会原谅她吗？您现在什么都包办容易，但如果孩子学不会处理问题、承担责任，她将来怎么适应社会？

的确如此。

孩子成长过程中的很多经历，其实都是在模拟未来的场景，他独自面对、处理的事情越多，将来的适应能力自然越强。

005/

儿子四岁时，我有次带他出去玩。他想吃冰淇淋，我就拿了十块钱，让他自己去十米外的超市买。儿子欢天喜地去了。对面有两家小超市，他先去了近点那家，结果是个菜店，他很快跑出来，去了另外一家，成功买到一盒，还请店主帮他开了盖。

他边吃边欢脱地跑回来。

结果乐极生悲，刚到我身边，冰淇淋啪嗒一下扣地上了。

他发现根本捡不起来，开始咧嘴大哭。

我只好又拿十块钱，让他再去买一盒。

他抹着眼泪去了，这次买了另外一款，也没开盒，到我身边才小心翼翼打开，说："刚才我太不小心了，这次要小心点。"

一件特别小的小事，但其实是一次微型的独立能力训练：

想吃冰淇淋，自己去买。这是自己解决问题。

去哪家店，选哪款冰淇淋。这是自己做出选择。

冰淇淋掉了，承认是自己的错。这是自己承担责任。

再伤心也要重振旗鼓，再去买一盒。这是自己面对挫折。

上次不小心，这次要小心点。这是自己总结经验。

如果这样的训练一次又一次反复进行，孩子自然就具备了独立处理事情的能力。

对父母来说，这难吗？

一点也不。

我全程只做了两件事：给他十块钱，再给他十块钱。

当然，就算麻烦，聪明的父母也该尽量让孩子"自己去做事"。

教他自己系鞋带很麻烦，但一旦教会，你就再也不用亲力亲为帮他系了。

让他自己管理零花钱，刚开始他可能花得一塌糊涂，但慢慢的，他就对钱有概念了。

当他的本事越来越多，对你的依赖越来越少时，你就会越来越轻松，他也会越来越强大。

这是真正的双赢。

最傻的妈妈，就是放弃自己，一心扑在孩子身上，什么都替他做了，结果——说难听点，一辈子辛辛苦苦，养出个废物。

他痛苦，你更痛苦。

所以，你若真爱孩子，就该让他自己吃饭，自己买画笔，自己处理和朋友的矛盾，自己给同学家长打电话问作业……

让孩子"自己的事情自己做"，这简单八个字，是父母对孩子最大的负责。

他会在做事的过程中感知世界，了解自己，掌握生存技能，也慢慢地学会承受压力，权衡利弊，与人合作，收拾残局，逆境中迅速调整，迷茫时保持耐心。

有了这样的独立能力，他才不会在自己面对社会时惶恐不安、不知所措，才不会遇到一次小失败就一蹶不振，又逃回父母身边求保护，求圈养。

巨婴不是一天养成的。

飞天的凤凰更不是。

我们不求孩子多么快意人生，起码不能让他四十岁了还躲在我们的羽翼下瑟瑟发抖。否则，到八十岁忽然意识到"我错了，不该从小样样给他包办"，可是已经不能从头来过。

那该有多难过。

生命中有裂缝，阳光才能照进来

黎溪淳

001/

在如今这个时代，每个人的胸口上都会压着一块石头，这块石头有可能是由工作的烦恼所凝成，也有可能是由家庭的矛盾困难差异而形成，总之，有各种各样的原因，只是因人而异，而我们每天都会承受着它所带来的压力举步前行。

毫无疑惑，上至世界首富下至社会底层人员，每个人都无法逃脱束缚在心上的压力，压力无所不在，然而每个人对它的处理方法却都有所不同，有些人或许能将它很妥善地缓解，有些人却会在日积月累中瞬间被它击溃。

除工作上的压力不说，大多数的压力其实都来源于家庭，也可以说是来自爱。

在这种压力之下，它或许会因为爱而创造更大的爱，也或许会因为爱而创造不可挽回的悲剧。

高考结束不久，微博的热搜上，出现了一则新闻，新闻大概的内容是一位妈妈给孩子填错了志愿，因为觉得自己耽误了女儿的一生命运，无法承受内心巨大的自责与压力，最终选择留下一封遗书离家出走，几天后，在一条河里发现了她的遗体。

这条新闻引发了网友们各种评判。

有同情的，也有指责的。

同情一类的，大概说的是：现在孩子读个书不仅孩子压力大，父母的压力更大，生怕自己孩子在这场等同于可以改变命运的高考上出现一点点差错，而孩子在父母全家人翘首以待的重重压力之下，也不敢有片刻的放松，这种现状其实很可悲也无奈。

很多人表示能理解她，但是绝对不赞同她这种过激的做法。

指责一类的，大概说的是：这位母亲的抗压能力太弱，太钻牛角尖了，高考固然重要，她固然也犯了错，可是，在明知自己做错了的情况下，她只想着惩罚自己，却没有想过，她这样做，对女儿是一种更大的伤害。

网络上各种各样的言论都有，众说纷纭，但是身为局外人，我们没有身处那种处境，也完全没法去体会当事人的心理。

只是看到这样的一则新闻，我情不自禁就想到了发生在我自己身上的一件事情。

002/

2016 年的冬天，大家都准备置办过年的东西，我却因为一次疏忽，导致儿子被烫伤，这是我犯下的第一个错。

因为当时太过紧张，我也完全忘记该给他做烫伤后的急救措施，只一心把他往医院里送，这是我犯下的第二个错。

医院里，护士给儿子上药的时候，我发现儿子额头的部位没涂到药，于是问那护士，这里是不是没上药，护士简单说了声，都上了药的，然后就缠上了纱布。后来，儿子唯独额头那个我看到没上药的部位留了严重的疤，这是我第三个错误。

儿子才一岁多，一张干净稚嫩的脸上，不仅留下了坑坑洼洼的印子，额头上还留了一道很长的增生性疤痕，鼓得高高的，硬邦邦的，这从此成为压在我心头的巨石，无力移除。

疤痕一但增生基本上没有神药可以让它消除，只能依靠物理加压，每天涂药，按压，然后贴上疤痕贴，再垫上一块胶垫，再用弹力套给他压上。

我咨询了很多医生，很多烫伤的宝妈，物理加压是可以让增生疤痕变平软的唯一途径，可是这需要耐心跟恒心，而且，效果因人而异，有的可能只要加压半年，或者一两年，或者三四年。

弹力套绑在头上加压，这种做法却遭到了我家人的强烈反对，家人认为加压会影响孩子大脑发育，不要治好了疤却让孩子变成了一个傻子。

我不知道宝妈们说得对，还是家人说得对，我只希望自己能做一些事情弥补我的过错，没有人知道我的内心有多么的煎熬，心理压力有多大！

是的，没人知道，更没人理解。

我一边害怕错过给孩子治疗疤痕的最佳时机，因为一旦错过了以后再治就更加困难了，而多方打听之后，得知手术治疗也得等他十几岁过后才能实施，等到了那个时候，他已经过了他最关键的成长期。

一边，我又害怕这个疤痕会对他的成长造成影响，使他自卑，被同学无心的笑话和打击，让他觉得自己怎么会跟别人不一样，等他懂事的时候，会发现那么丑陋的疤痕让他低人一等。人总是好奇的，他额头有个疤，别人总会往他那个疤上面多看一眼，那一眼会不会让他更加受伤？

这一切，想想都让我心碎。

同时，我扛着全家的压力继续给他物理加压，可是自己心里也担心这样绑着他的头会不会真的影响他的大脑发育？如果以后真的影响了智力，那我岂不是最大的罪人？陪上我这条命恐怕都弥补不了这种过失。

该如何抉择？

我究竟该怎么做？

到底谁的话是对的，谁的话是错的？

我儿子的未来又会怎样？

我举步维艰，每一个决定对我来说都万分艰难，可是生活却不肯给我时间去拖延。我一边做着矛盾的举动，一边担心自己的行为可能会造成的严重后果。

重重的问题压在我的心里，常常让我彻夜难眠，总能睁着眼睛到天亮。

我的状态越来越糟糕，我开始有了严重的抑郁症倾向，总是在突然之间就会不停地流眼泪，除了和儿子在一起时，我做任何事情都心不在焉，恍恍忽忽又担惊受怕。

这种来自于爱的压力，负面情绪的堆压，让我内心倍受煎熬，痛不欲生。

我所有的情绪变化，先生是最先察觉也深深体会到的，他总是找机会跟我谈心，开导我，让我倍觉安慰，可是却不能缓解我内心的煎熬。

他说：

"一个男孩子留点疤不算什么，最重要的是他的心理成长，他如果乐观开朗，这个疤对他是无足轻重的，但是要让他乐观开朗起来，我们就不能整天唉声叹气以泪洗面，首先，我们自己得开朗起来，我们自己不能太去在意他那个疤。

"每个人来到这个世界上不可能一帆风顺，生老病死都是常态，儿子虽然额头上有个疤，但是他身体健康，有那么多家人关爱他，他算不上不幸，甚至跟那些得了绝症的孩子相比，他是幸运的。

"你天天盯着他的疤，他想不注意都难。你要想儿子不去介意他的那个疤，首先我们得先把心态摆好，用平常心去对待，我们的所作所为、一举一动都会给他造成直接的影响，这才是他最大的不幸。"

经过先生的开导，以及各方面的反省，我渐渐发现了我很多方面的不妥。

以后会发生什么样的事情，没有人知道，但是我因为太过在意，并没有做好，甚至仍然在不断犯错，我知道自己的行为一定会给儿子造成影响。

每天和儿子相处时间最多的就是我，儿子很明显能感受到我的喜怒哀乐，他还在不懂事的年纪，就懂得来逗我开心，我为自己的行为惭愧不已。

已经发生的伤害不能挽回，如果我仍然整天沉浸在这些悲痛中不能自拔，那么我也只会把儿子也拉进我的悲痛中来，对于正在成长阶段的他才是最为不利的，其后果将不堪设想。一次失误绝不能代表一辈子，但我若是因为一次失误从而导致一连串的负面影响，那才是真正对不起我的孩子。

003/

我开始调整自己的心态，不再每天不由自主都对儿子小声自责地说"对不起"，不再动不动就看着他泪流满面。

我告诉自己，我关注的点不应该是孩子额头的疤，而应该是生活，是与儿子成长的点点滴滴，是未来美好的一切，只要他的性格足够健康阳光，这一点点疤痕，又怎会成为阴霾笼罩着他呢？

就像那个填错了女儿高考志愿的妈妈，她认为自己害了孩子，愧对孩子，毁了孩子的一生，没有脸再去面对自己的孩子而选择了轻生，可是她却不知道，对于女儿来说，一所大学，永远无法和妈妈的陪伴相提并论。

我们可以想象，那个女儿会不会在事发后恨自己，恨不得从来没有参加过高考？以后在学校里读书的时候，她会不会每天都活在妈妈去世的阴影里？认为是自己害死了妈妈？

妈妈的出发点无疑是最深沉的爱，可是她在给女儿造成第一次伤害的时候，没有及时止损，心里背负太大的愧疚与压力，无法原谅自己从而走上绝路，最终后直接给女儿造成终身无法挽回的伤害。

很多时候，因为太爱一个人，才会产生足够沉重的情绪压力。

可是，也正是因为有了爱，我们生活在这个世界上，才能更清楚地感受到处处阳光和繁花盛开，我们的痛苦更沉重，我们的幸福也更幸福。

我们不能被那些压力以及各种负面的情绪所控制，不能任由自己在负面的情绪里沉沦，被情绪左右，生活中总会有各种不美好的事情发生，正因为有那么多的不美好，所以我们才有理由去珍惜那些美好的存在。

一个人的情绪压力有很大的杀伤力，不费吹灰之力，你自己就能灰飞烟灭。

压力本身是无形的东西，却因为我们对自己情绪的纵容，而无限放大，加速催化并让它产生了强大的蝴蝶效应，使其成为一种伤人又伤己的暴力型武器。

首当其冲的就是自己，以及身边最亲的人。

时间可以抚平一切。

很多人之所以过不去那个坎，不是被别人为难，而是败给了自己。

不要让自己蜷缩在压力的阴霾中无法自拔，疤痕或许是孩子未来人生不能抹去的丑陋印记，但微笑更是他脸上不可缺失的美丽。

为了孩子的微笑，为了周围那些爱我们，以及我们深爱的人，不论发生了什么事情，我们的思想都不能过于极端，不要把自己逼到死角。在心里留一片清欢之地，所有情绪压力、俗世纷扰不过一场浮生惊梦，时间自会让它烟消云散。

人生是一场回不了头的旅行，我们每一个人都在旅途中负重前行。一路上，我们会遇见很多不一样的风景，不必过分执着于其中某一朵花的凋零，某一棵草的败落，某一场暴风雨的席卷，某一片山头的荒芜。

放眼世界，那些所有的不美好，其实都是点缀世界的一处景致，我们目视前方，带着恐惧勇敢前行，感受生命的喜怒哀乐，体会人生的阴晴圆缺，不错过下一刻即将出现的风景，以感恩之心迎接每一次生命的馈赠。

走过半生，免不了坎坷波折，悲欢离合。

只要心情足够明媚，笑容足够坦荡，我们所遭遇的一切瑕疵，也只会成为衬托我们生命中一切美好的存在。

生命中有裂缝，阳光才能照进来。

依附别人，余生都将慌张

李琰之

001/

有些人生下来的时候，周围围绕的是欢声笑语，而有些人却只能在争吵和眼泪中出生，比如安琪。

从她出生的那一刻，他们家的争吵就不曾休止，只因为奶奶想要个孙子，而她是个女孩儿，爸爸也骂妈妈不争气，可安琪知道，自己在妈妈眼里，依然是上天赐予她的天使。

但这并没有什么用，家里的争吵三天两头的爆发，而爸妈的感情也渐渐陷入僵局，她仿佛看到他们的婚姻走向尽头，而她只是父母这段婚姻的牺牲品。哪怕妈妈再爱她，她也将成为妈妈以后人生的累赘和负担。

一如往日。

昨晚，争吵再一次降临。

安琪几乎从小就活在父母吵架的阴影里，在她家，只有横眉冷对和惊天动地，一家人和和睦睦坐在一起吃顿饭都是奢望。对她来说，一家人和和睦睦那是别人家才可能发生的事情，这是她心里挥之不去的噩梦。

在她刚开始记事的时候，爸妈因为一件很小的事情吵了起来，吵着吵着就动手了，爸爸拿椅子要扔向妈妈的时候，才六岁的她跑过去想帮妈妈挡一下，却被椅子砸到，满脸都是血，疼痛和恐惧让她大哭，但心里却想，爸妈这下总该不会继续吵了。可是爸妈没有因此停手，互相指责，妈妈看她受了伤，疯狂地扑过去抓伤爸爸的脸，两人反而因为她的受伤闹得天翻地覆。

自那以后，爸妈吵架就成了她的噩梦。

每次看他们争吵，安琪都会特别害怕，怕他们吵到激动处，大打出手，无论伤到了谁，都是她不愿意看到的。

一个月前，安琪的爸妈又爆发了一次战争，那次闹得很大，安琪妈妈一气之下回了外婆家，安琪外婆一家全都出马讨伐爸爸，奶奶一家又站出来帮爸爸说话，两家人差点没打起来，尽管如此，半个月前，妈妈却在爸爸的道歉中被接回了家。

那时候，安琪还松了口气，事情闹得那么大，她以为两个人应该都能消停很长一段时间了，不料，好日子根本没过上几天，两人又开始吵。

安琪妈妈一吵架就会给安琪打电话跟她诉苦，让她评理，她听着父母在电话里吵得不可开交，只觉得人生一片灰暗。

　　她不知道别人的家庭是不是像她家一样，永远被阴霾笼罩，可在她心里，父母吵架的阴影已经在她的世界堆积成霾，严重影响了她的性格和人生，即将30岁的她仍然不愿与人相恋，更不想陷入婚姻，她害怕婚姻，甚至害怕与人相处。

002/

　　很显然，安琪父母之间存在很多很大的问题，每次他们吵架都是因为很小的事情，往深了说就是三观不合，往浅了说就是谁都不让着谁，吵架也都是没事找事。婚姻到了这个地步，其实已经名存实亡，一个朋友曾问她，为什么不劝父母离婚？

　　她抓乱了自己的头发，痛苦摇头：爸妈如果离婚了，家就没了。

　　朋友问她：一个动不动就吵得翻天覆，让她时刻胆战心惊的家，这算得上一个家吗？

　　是啊！那更像是一个战场。

　　安琪想了很久，觉得朋友说的有道理，如果一生都过得这么痛苦，何不开始一段新的人生？她去跟妈妈谈了谈，问妈妈有没有想过离婚的事？

　　她觉得，如果两个人彼此折磨，不如像朋友说的那样，度过一段新的人生。

妈妈也是一脸的痛苦："孩子，你不懂。年轻的时候，每一次吵架我都想和你爸离婚了，可是一看你还小，我舍不得。又有谁能要我一个带着孩子的离异女人？每次都没那个勇气，总以为磨合磨合就好了。这一吵就是二十多年，青春都耗光了，我一个糟老太婆，再谈离婚总觉得可笑，你爸不一样，他想再找可容易多了，我可不想便宜他。我一辈子最好的时间都给他了，到头来让我这样离开，我不甘心哪。"

安琪问妈妈："可是这样下去，你痛苦，爸爸也痛苦，彼此折磨，有什么意思呢？你们天天都在吵架，这样的生活，你就甘心了吗？"

安琪妈妈摇头："其实吧，只不过是吵个架，你爸也没犯什么实质性的错误，哪能谈得上离婚呢？而且我现在这年龄，年轻的时候都熬过来了，现在离了，说出去让人笑话，你说以后我一个人怎么过？人老了，也害怕孤独。宁愿过得鸡犬不宁，也不想过得孤苦伶仃。"

安琪沉默了。

她问妈妈："如果一个人也可以过得精彩，有自己的朋友，有自己的生活和交际圈，难道不比两个人彼此折磨过得更加舒适吗？你有没有想过后半生，还有几十年的时间，真的要在这样的气氛中度过一生吗？"

安琪妈妈摇头："我已经没有了当初的勇气。"

安琪无奈，可是事情依然得解决，她和朋友商量之后，想了个办法。安琪建议妈妈和爸爸分开一年的时间，来她这里玩一段时间，这段时间，尽量不要和爸爸联系。

安琪妈妈刚跟她爸爸吵架，想都没想就同意了，刚好想趁此和安琪爸爸冷战一段时间。

003/

开始的日子，妈妈坐立不安，天天盼着爸爸早点来接她，可是却被安琪制止了，并且换了妈妈的电话号码，爸爸打电话到她那里，她就说妈妈不在。

她开始教妈妈穿衣打扮，带妈妈参加一些社交活动，报了徒步旅行团，走遍山川海峡，报了瑜伽健身，还报了舞蹈班。妈妈一天到晚忙得连轴转，可是脸上的笑容却越来越多了，也渐渐不提给爸爸打个电话的事了。

她买了一些励志的书籍还有一些婚姻相处的书籍给妈妈看，因为自己上班太忙，怕妈妈孤单，又抱回来一只小狗给妈妈作伴，一晃几个月过去，妈妈像换了一个人一样，容光焕发。

妈妈周末去公园、山里、风景区徒步，平时每天上午，妈妈帮安琪整理家务，下午空闲了就去做瑜伽学舞蹈，下午，就带着小狗去公园散步，在公园的长椅上看着散发着墨香的铅字，眼神也越来越自信。

后来妈妈觉得自己每日无所事事有些不安，还去找了小时工，偶尔帮人打扫打扫卫生补贴家用，剩余的时间就用来完善和提高自己，看的书越多，懂得的道理就越多，安琪觉得妈妈变了，却总是说不上来哪里发生了变化。

爸爸终于熬不住追到了安琪工作的城市，等他见到妈妈的时候，吃了一惊，甚至有些不敢相认。

当初那个面容枯黄、眼神焦虑阴霾的市井大妈，竟然在短短的时间里变得优雅得体。眼神骗不了人，安琪妈妈的眼睛里闪烁的是求知和憧憬，她的脸上一开始闪烁的是明媚和笑容，直到看到安琪爸爸的那一刻，脸上的笑容才开始凝固。

原本安琪爸爸以为那个老妇女在见到他之后，一定会迫不及待地答应和他回家可是这一次，不一样。

安琪妈妈表示，不想和他回去。她告诉安琪爸爸，也还有很多事情没有做，还有很多道理没看懂，自己还有很多风景没看够，她喜欢上了这样的生活，而且一点都不觉得觉得孤独。

安琪的爸爸无功而返，他开始慌张，担心安琪妈妈真的会离开他。

说起来，这二十多年，他天天都想摆脱这个女人，男人的责任感让他坚持到现在，他一点都不怕安琪妈妈跟他离婚，他知道那女人不敢，也不舍，她是什么秉性，他最清楚不过了，更何况，离就离了，只要他有钱，想再找一个，并不是多难的事。

可是现在，他开始怕了。

一直坚信妻子不会离开自己，一旦这种坚信被动摇，他突然发现自己有点舍不得。

他开始三天两头买火车票来到安琪工作的城市，看着妻子一点点的变化，看着妻子越来越自信的容颜，仿佛看到年轻时自己卖力追求的美丽女孩。他开始思考，自己当初也曾那么爱过她，可是怎么会一步步走到今天这个地步呢？

004/

他终于开始反省，觉得很多事情完全没必要吵架，可是自己就是忍受不了她管东管西，对她的一切都不耐烦，很多事情其实他并不是真的不认同她的做法，他就是想跟她唱反调，说白了，其实他有些厌烦了她，又不想让自己的家庭破碎，便忍她，将就她，越是这样，越觉得和自己朝夕相处的那个妇女让人难以忍受。

一天不骂她几句，他都觉得浑身不舒坦。

他找到安琪，希望安琪帮他劝劝让她妈妈早点回去，可是安琪一口就拒绝了，她告诉爸爸，如果真的不想失去妈妈，那就好好想想自己以前做的事，如果还想让妈妈回头，那就好好看看妈妈现在做的事。

她告诉爸爸，一个人除了努力工作，还需要时刻提醒自己不忘初衷，多给灵魂充充电，学会欣赏别人的好。

她明确告诉爸爸，今年这一年妈妈都不会回家，如果想和妈妈离婚，她并不反对。如果不想妈妈和他离婚的话，就在这一年，重新审视自己。

他们的婚姻，需要一个冷却期。

爸爸答应离开，离开前，一家人吃了顿饭。

从头到尾，爸爸都在不断地给妈妈夹菜，脸上笑容不断，妈妈的眼睛里也闪动着泪花，多平常的一顿饭，可是安琪却想嚎啕大哭。

这是她从小盼到大的场景，终于实现了，可是却是在这样的情况下。

妈妈悄悄向安琪表示，自己原谅爸爸了，要不要和爸爸一起回去？

安琪抓住了妈妈的手，摇头。

爸爸离开了，独自一人回了老家。

安琪看着爸爸落魄的背影，心里也不好受，可是她知道，环境对一个人的影响很大，一旦妈妈跟爸爸回家，她不敢保证妈妈现在的好状态是否还能持续下去。

她希望爸爸在离开妈妈的这段时间里，重新审视他们的婚姻和感情，也希望妈妈在这段时间里，重新获得自信，并且找回独立的人格。

妈妈不敢离开爸爸，只因为她在一天天流逝的青春里，渐渐迷失了自我，丧失了独立生存的勇气，她害怕孤独，害怕一个人，害怕离开自己赖以生存的依靠，越是害怕越想抓紧，便失去的越快。

一个人，一旦依附别人而生，那么等待她的将是接踵而来的悲剧。

安琪相信，在不久的将来，笼罩在她家的阴霾，终会拨云见日，无论是父母离婚分开，还是两人重归于好，但总归不会是以前那般模样，她第一次感觉到自己的未来充满了希望。

谢谢自己够勇敢

方紫鸢

001/

还未嫁人，就成了"少奶奶"。

她叫安小兔，有个可爱的英文名字叫 Angel。哈，对，没错，天使。那是刚过完 30 岁生日，其实已经不算年轻的女孩，一直被身边的几个男人——老爸、未来老公和未来公公宠成小女生。

Angel 和老公在备婚状态，婚期定在九月。Angel 常常在清晨醒来时笑出声，望着窗外的霞光，想象着金秋的日子里那个即将到来的美丽场景。

是的，她从未想过，癌，这个让人害怕的字眼会发生在她身上。从摸到右乳有一个肿块到确诊，仅仅一个礼拜的时间.

开始以为是脂肪瘤或者增生，因为不痛不痒，总觉得老天不会那么"眷顾"，让她中这个"头奖"，但事实的确碰上了，真真实实地经历此劫。

拿到穿刺结果时，爸爸眼睛通红。他张了张嘴，还是不忍心把那句话说出口。

穿刺后感觉不太好，Angel 从网上了解了不少相关知识，尽管有了心理准备，可一想到网上的文字，安小兔的一颗心还是沉到了谷底。

她知道爸爸要说什么，她哈哈地笑，一下一下拽爸爸的衣服："愁眉苦脸干什么，你看我都不愁，我都猜到结果了。"

"这个不太好，还是全切了吧。"

"行，听爸爸的，全切！"

既然碰上了遇上了，就要去面对，安小兔努力调整自己的心态，希望能减轻爸爸和家人的心理压力。

她和医生商量手术方案，表现得很镇定，医生还一个劲儿夸她说："三十岁的女孩子能这么坦然，不哭不闹的，可真是够强大的，心里承得住事儿，是个坚强的女孩子。"

安小兔压抑着内心所有的恐惧和对未来的茫然，每天依然笑呵呵的，可无意中看到爸爸一个人在病房的拐角处，头杵着墙，一边哭一边自言自语："还不如让我得病呢，为什么不让我替我女儿得病呢？"

安小兔还是哭了！

她其实比任何人都害怕，可是她不能让家人因为她的事情愁眉苦脸，她已经给家人添了太多的麻烦。

看着爸爸不停地用头撞墙，她使劲捂住自己的嘴。

不能走过去。

不能让爸爸看到她发现了他的举动。

她知道，她不能有丝毫的沮丧，否则，他们更难受。

002/

2013 年，蛇年。

安小兔很怕蛇，从小就怕，其实，她胆量挺大的，游乐场里任何高危的项目都敢玩，可就是怕蛇。

虽然怕蛇，可还是准备在蛇年和胖哥哥完婚。刚开始装修房子，就发生了这个事，虽然两家人都表现得出奇的淡定，没有给她任何压力，可她不傻，她知道这对女人来说意味着什么，对自己未来的丈夫意味着什么，他知道婆婆一家也面临着重大的压力和选择，可他们却一如既往地对待她。

婆婆是一家小医院的药剂师，她认识一些医院的熟人，便帮着联系看这方面的病比较厉害的大夫。婆婆是那种很知性的女人，平时不是很爱讲话，但那些天，她总是在和 Angel 聊，说这个病没事，在医生眼里就是慢性病，不要担心不要害怕。

看知性女子变得婆婆妈妈，安小兔很感动，也很幸福。

她知道，婆婆的心里已经倾向于接受她。换谁家儿子摊上这个事，当妈的不急眼？既然还没有领证，一拍两散的可能性很大，哪怕婆婆跟她翻脸，她都能理解。

可她没有。

而她明知道这个病的拖累，明知道以后的危险，明知道很可能不能有孩子……却选择更加疼爱她。

未来公公是那种特别顾家的天津男人，做得一手好菜，治疗期间的饮食基本上都是他包办的，并且跟晚辈没有一点架子，总是笑呵呵的，有时候还很喜欢开玩笑。

这段时间，他常常把头摇得跟拨浪鼓似地说："别要孩子了，你们两个自己都养不起自己了，养什么孩子，这不是给双方父母找事儿吗。"

安小兔知道他是故意这样说，这样，会让她心理好受些。

至于他，安小兔现在的老公，当时的未婚夫胖哥哥说："你变成什么样，我都不介意，我都会照顾你一辈子，不后悔……"

安小兔含着眼泪却咧嘴大笑说："赶紧发到网上，那些因为明星夫妻离婚而不相信爱情的小伙伴们，肯定又相信爱情了。"笑着笑着，他俩抱头痛哭。

那天，她的手术被安排在下午两点钟。

一早，爸爸就来了，他摸着宝贝女儿的头，劝她不要太紧张。他的眼里是无尽的疼爱，好像她还是被他牵着手才敢走在路上的小女孩儿。

她靠在爸爸的肩头，心里平静了很多。

事实上，她是一晚没怎么睡，不知道脑子里都想的是什么，只知道，要手术，要全切，今天过后，她就和别的女孩儿不一样了，想到这里，她就克制不住地想哭。

大夫问："能接受吗？"

她笑："能接受。"

不能接受又能怎样？她想大声对老天爷说："我还没有嫁人，怎么就忍心让我成为'少奶奶'？"

出乎意料的，手术改到了上午，幸好老爸在，要不都没家属陪她进去，老爸领着她到手术门口，叮嘱她进去穿红色的那双拖鞋，不要担心，要放松，没说几句，突然就扭头走了。

安小兔知道，爸爸不想在她面前软弱。

她默默地走进去，双腿如同赘了千金重物，忍着眼泪，没敢回头，可父女心相通，她分明感受到了老爸的心在滴血。

和主刀寒暄几句，静静睡去，快 12 点才迷迷糊糊醒来，看到妈妈在身边，还有胖哥哥和他爸妈，她知道手术结束了，却不想知道手术结果，也不想去审视自己，手术结束之后，她才开始逃避，似乎有点儿晚了。

003/

安小兔睁大眼睛焦急地寻找，找爸爸。

后来，护工告诉她，昏迷中的她一直哭一直哭，只找爸爸……住进ICU的那几天，她才知道，她是那么爱老爸。他来，她会哭，他走，她也哭。原来，女儿真是爸爸上辈子的小情人。

关于手术过程，安小兔没有印象，因为被很多绷带缠绕着，也没有感觉，只有挤积液换药的时候，才感觉到难忍的疼痛，她才能借着那个机会光明正大地大声哭。

但其实，还是有怪怪的异样，也正常，毕竟少了那么一大块肉。

其他时候，她也有过崩溃，就是知道要化疗的那天。

虽然早知道需要化疗，但还是挺难接受的。想到头发要掉光，眼前闪回的都是电视剧里看到过的一些画面，灰暗的脸，黝黑的眼圈，失神的凝望，戴着帽子仍可清晰看到光秃秃的头……

一想到那个情景，实在是太难受了，趁着没人的时候，就哇哇痛哭。

第一次化疗5个小时，身上一点点的麻酥酥，脸上泛红，都是正常反应，好在从第一次到第六次，没像很多病友那样连胃液都吐出来，当然，肠胃也真的很不舒服，浑身没劲儿，拉肚子。白细胞低下，只好打升白针，一打，就发烧，浑身更没劲儿。

后来自己掌握了规律，安慰自己，前10天最难受，后面就可以出去疯玩犒劳自己了……

　　头发第 13 天开始掉，爸爸和老公两个人互相推脱，都想让对方帮安小兔剃秃。最后，还是老公下了狠手，哆哆嗦嗦的，她只怕他剃破头皮。因为自己心里清楚知道，必须要接受，必须要承受，必须要面对，必须要经历，只有这些都熬过去了，才会迎来冬有暖阳夏有星空的好日子。

　　那个过程，后来回忆，并不那么清晰，可能真是"化疗脑"了，让安小兔未老先痴。

　　不好的，早就不记得了。

　　化疗后，进入恢复期，因为是三阴不用吃药，也纠结了几天，总觉得不安全，婆婆便带她去中医附院看中医吃中药。听到病友们说三阴复发的几率大一些，便会突然想，也许以后会复发会转移？会不会再经历一次？

　　然后她就慌了，心脏砰砰跳，有点麻有点空。

　　真的，这一点，安小兔不想掩饰，她会恐惧，怕再受罪，怕再次经历那些已经遗忘的过程，也怕会离开这个美丽的世界。

　　有时想，她要像渣滓洞里的江姐那样不惧生死，不怕酷刑折磨，但是一点都不想这个病。不去担心预后，真是不可能的。那种痛苦，那种稍微一动，患侧肋骨秃秃的感觉，太清晰。那里，像用橡皮擦掉了一样，只留下浅浅的痕迹。

那段时间，连梦里，都会清楚地知道自己少了一个乳房。对，就像大家说的，从此以后，她就是个长着一张娃娃脸的"少奶奶"。

在头发没长出来之前，情绪会受到很大影响，感觉自己像拼凑起来的一样，从此变得不完整，假发、义乳，出门就要乔装。

回到家，还原真实的赤裸的自己，摘假发，扔义乳，审视自己，平躺在床上，永远都有失重感，索性站起来。

她从镜子里看残缺的自己。她会经常看残缺的身体，脑子里一片空白，就那样呆呆地看。

004/

过年了，公婆提议，除夕夜两家一起吃团圆饭。

公公主厨，爸爸和胖哥哥帮厨，三个女人负责貌美如花。按照天津的习俗，在凌晨零点大家要穿新衣服。煮饺子放鞭炮，胖哥还买了特别大的一个烟花，是那种可以让她眼前出现最美好幻境的绽放。在那绽放的时刻，空中形成一个大大的网，把所有的情绪全部包裹住，只剩下满足。

爸妈，爱人，公婆，最亲的亲人，此刻在一起。

就在这时，胖哥哥单膝跪地，变戏法似的掏出了戒指，说："今后的岁月，让我们一家六口永远都在一起过除夕吧。"

我们全哭了，爸妈、公婆、胖哥哥和我。

安小兔紧紧抱住她的胖哥，泣不成声，要知道胖哥从来都不是一个浪漫的人。

他俩是大学同学，认识那么久，有事没事都爱到处觅美食，除了这个就真没有过什么特别的表示了。如果没这场病，肯定没有这个求婚的场面，最有可能的结果就是他对她说："下周安排下，咱俩把证领了。"

婚期就这么定下来了。

婆婆对爸妈说："不能再让兔儿受半点委屈了，已经吃了那么多苦了，尽最大的可能让他们婚礼隆重美好。"

爸妈一个劲儿摇头，快六十岁的老爸捂着脸哭，对公婆说："都不重要，你们能这样善待孩子，别的都不重要，我闺女真是八辈子修来的福气，找到你们这么好的人家。以后她就是你们的亲闺女，女婿也是我们的亲儿子。"

老爸是由衷感激的，毕竟，人家是没有义务这样。

安小兔只知道，尽管变成了"少奶奶"，但仍旧想有一个家，一家人不离不弃，很庆幸，胖哥哥一直在身边。

生命中最重要的两个男人，关系越来越密切。甚至很多话，老爸和老公会互相诉说，就像同辈兄弟一样没有隔阂。

一次她不小心听到老爸拉着她的胖哥哥，丝毫不掩饰对胖哥哥的感激："姑爷，谢谢你对小兔这么好，谢谢你不嫌弃她，谢谢你父母养了你这么善良的孩子。"

胖哥哥挠挠头，憨笑着说："爸，瞧您说的，这都是我应该的，小兔是我老婆，我不对她好，对谁好？"

本来婚房在中北镇，这一病，公婆立刻改变主意，把他们位于体院北那套现住的房子让了出来，因为这里距离医院更近。

被爱包围着的安小兔越来越明白，大家都在努力地爱自己，自己更不能自暴自弃，要学会善待命运，善待生活，更要善待自己。这样，身边的人才会放心，不要因为自己的病，影响了别人。

癌症，并没有那么可怕。

做了手术，就像重新复活了一样。

哪怕从此与旁人不同，可她依然可以过得比常人更幸福，她只是提前经历了生活的磨砺和人性的考验，大家没有辜负她，上帝为她关上了一扇窗，同时也为她打开了一扇门。

她相信，经历过这一次的磨难，以后就算再发生更困难的事，她也能见招拆招。

人生，都是这样过来的，提前遇到了坎坷，往后的日子就顺当了，生活对任何人都很公平。

世间所有的爱都是为了相聚，唯独父母的爱是为了别离

李琰之

001/

有一天刚开电脑，就跳出来一个视频，只看了一眼，就被视频中那位奇葩的母亲吸引了。

故事细节部分讲的是什么已经记不清了，只大致记得一些走向，为保护主人公的隐私，故事和原视频多有出入，看过视频的读者不要太较真，以下情节多为虚构，人物为化名。

一个母亲上节目寻找自己的儿子，因为儿子受不了她的管束和干预离家出走了。他的母亲和女朋友向他所有的朋友打听，最后都找不到他，迫于无奈，只好求助节目组。

这个母亲叫丁兰，是个离异的单亲妈妈，儿子就是她的生命和一切。

男子叫程勇，艺术学院刚毕业，极度渴望挣脱母亲的束缚，有个很相爱的女朋友。

男子的女友叫蔡小琳，独生女，有些娇生惯养的公主病，但和程勇关系很好，在艺术学院读模特专业。

接下来，母亲丁兰在荧屏前诉说了自己对儿子从小到大一系列的控制，简直让人闻所未闻，胆战心惊。

她从小不许孩子挑食，不准剩饭，给孩子做的早餐，孩子必须吃完。

下课要立刻回家，不能和同学出去玩，不许随便交朋友，更不许早恋，不许和女同学说话。交的朋友必须经过母亲的审核，但能通过审核的几乎没有，程勇几乎在孤立的情况下过完了初中和高中的生活。高考填志愿，母亲强制性地给他报了本地的一所医科大学，但程勇没被录取，补报大学的时候，他没有告诉母亲，自己偷偷填写了一家远离家乡的艺术学院。

在程勇被艺术学院录取的那一刻，他以为就此可以脱离母亲的控制，可没想到的是，母亲却要求他复读，不允许他去学院报到，那是程勇第一次和母亲产生了争执，他一气之下提着行李箱离开家乡。

入学后，程勇有一段时间没和母亲联系，母亲终于服了软，可是母亲却在远在千里的地方开始控制他的大学生活，不许他交女朋友。大学的生活姹紫嫣红，青春靓丽的女生比比皆是，脱离了母亲囚禁式的控制，程勇很快就陷入热恋，把母亲的话抛到了脑后。

据男孩的母亲亲口陈诉："我和儿子通电话的时候，很快察觉到不对劲，以前我儿子总是听我慢慢讲，现在总是急急忙忙要挂电话，很明显啊，他旁边有别人，而且我能预感那是个女娃娃。后来几次电话刚接通就听到女生讲话，有时候时间都很晚了，我才确认我儿子真的背着我谈恋爱了，我接受不了。"

这位母亲大怒，可是又怕儿子像上次一样跟她断了联系，干脆换了种方式。只要儿子下课，她的电话立刻就到了，一旦怀疑旁边可能有女生在，她就缠着儿子通电话，不肯挂断，一个电话有时候打个几小时。

女友蔡小琳补充："平时上课本来也没时间见面，下课和他在一起的时候，他基本上都在跟他妈通电话，一通就几个小时，有时候等的我都睡着了，或者实在等不了，我就走了。"

主持人问母亲丁兰："你跟你儿子都聊些什么呢能聊几个小时，你听不出来儿子不耐烦吗？"

"就是平时上课啊，吃饭啊生活上的事，或者我就跟他讲一些家里的事，反正他不敢挂我电话，挂我电话我就跟他闹啊哭啊，我一哭他就没办法。"母亲一脸自得，"我就是不想让他们有时间相处。"

旁边几位评委都觉得有些无语。

"你这是干嘛呢？儿子交个女朋友，就捣乱，你儿子能不跑吗？"

"那不行，那些女的一个个都没安好心，我儿子以前都跟我在一起生活，她们想把他抢走，我儿子太老实，容易被骗，我不能让他被别的女人抢走。"

"你儿子以前跟你在一起，那是小时候，现在长大了，以后肯定跟自己老婆孩子在一起，他也要有自己的家庭啊，怎么就成了被别的女人抢走了？"主持人继续问道，"那么你儿子出走的导火索是什么呢？为什么直接跟你断了联系。"

据母亲讲述，因为没多久，儿子跟她说要在外面租房，她很快就想到儿子是想在外面跟女孩同居，她直接告诉儿子，自己也要搬到租房里去，照顾他的起居，儿子极力反对，但这个奇葩的妈妈还是拖着行李一声不吭来到儿子学校所在的城市。

当程勇接到电话的时候大吃一惊，匆匆忙忙去车站接母亲，将母亲带到了自己的出租屋。

"我一看就知道这屋里不是我儿子一个人住，床上都是长头发，很多东西都是两个人的，他们俩绝对住一起了。"妈妈义愤填膺，气冲冲跟主持人控诉。

主持人跟蔡小琳确认，知道两人确实同居在一起，听到程勇母亲突然来了之后，她才急急忙忙离开。

"后来你见过这姑娘吗？"主持人问。

"见过，但我不喜欢那姑娘，长得太好看，穿得也很暴露，一张嘴能说会道的，一看就不是什么安分守己的女孩。"母亲丁兰一开口都是对女孩的不满。

女孩子满脸委屈:"我长什么样我自己也没办法啊,而且我也没浓妆艳抹的,穿的也是很普通的短袖短裤,我是想嘴巴甜一点,给阿姨留个好印象。而且知道阿姨不喜欢我穿太露,以后见面我都穿长的牛仔裤了。"

主持人问:"人家姑娘的优点到你这里,怎么全都变成缺点了?"

丁兰一脸尴尬,解释道:"我儿子长得也不帅,人又老实,肯定控制不了这女孩,以后肯定是要吃亏的。而且我儿子以前什么都听我的,现在这姑娘出现后,他就经常跟我顶嘴。再说,这姑娘还懒,没礼貌,娇生惯养的,还挑食,第一次见面我给做的菜,一口没吃。我儿子是被我宠大的,现在要让他去伺候别人,我自己还舍不得让他伺候呢。"

女孩解释自己从来不吃那种菜,吃不下。而且自己是独生女,确实有些娇生惯养,但是程勇宠着她也是很开心的。

后来,因为母亲的干预和破坏,女孩就搬离了。

男孩又回到了被母亲控制的日子,终于有一天受不了,独自一人离开了,没有告诉母亲,也没有告诉女友。

这是一份让人窒息的爱。

男子在母亲用沉重的爱编织的牢笼里,完全失去了自由,他的思想、行为、梦想、希望都被母亲上了镣铐,他的翅膀被母亲用锁链锁了起来,他活成了一具行尸走肉。

可是这个母亲还引以为荣，因为哪怕是这样，儿子也不愿伤害她，他选择了逃避，而她却不知悔改。

"我只是太爱他了，为了我的儿子，我可以付出我的生命。"这是这位母亲发自内心的话，可是这样的爱，何其残忍。

这是一种密不透风的控制和让人窒息的爱。

无微不至，无孔不入！

在这样的爱里成长的孩子，真的健康快乐吗？这已经不是母爱，而是一种病态，这个身为妈妈的女人，把自己对丈夫、对生活、对情感的期待，全都寄予自己儿子的身上，她借着可以被自己控制的儿子满足了自己空虚的灵魂和受伤的心灵，可是却将儿子的人生伤得千疮百孔而不自知。

最后主持人问这个母亲："现在呢？你后悔了吗？儿子已经被你逼走了，你有没有觉得自己错了？"

"后悔了。"这个母亲低卜了头，"我只想让我儿子回来。"

不知道他儿子看到这个节目会不会回到母亲身边，但在生活中，仍然有千千万万的母亲，正在亲手将自己的孩子毁掉。

002/

之前，朱雨辰上了热搜，也是因为他的母亲。

朱雨辰 39 岁，依旧单身，网友们都说这都是朱雨辰妈妈的功劳，是他妈妈凭实力让他单身的。

朱雨辰的妈妈说："他的每一段感情我都知道，我都会去干扰。"她每天都会给儿子榨果汁，一天两瓶必须喝完，还要把空瓶子带回家给她检查。不让他在外面吃饭，跟着儿子跑剧组，如影随形。不让他接武打戏，所有的戏都要她通过后才能接，因为她不想看到儿子受伤，被人打。

更令人不寒而栗的是：她会全面监控儿子的一言一行，看儿子的微博，并大段大段摘抄在本子上，朱雨辰干脆不发微博，可他妈妈威胁他："你要不写，我就抄你博客去！"

一个人能在这样严密的控制下生活，这是一件多么夸张的事，妈妈的爱太过沉重，他想要反抗，可是每次都以失败告终。

"你这样会把我搞死！"他发自内心的呼喊却毫无用处。

妈妈那控制欲爆棚的爱，让他的性格内向隐忍，对生活消极懈怠，对爱情没有激情和向往，对未来充满迷茫，他不知道自己的方向在哪里。年近四十，却对婚姻生活充满恐惧。

朱雨辰的妈妈说："我没有自我，完全没有自我，我是用整个生命去对待我儿子的。"她觉得自豪，觉得自己伟大无私，却从没想过自己其实是自私的母亲，她将自己对未来的期待和向往完全转移到儿子的身上。

她替儿子活了他的人生，而她的儿子就是被她操控的人偶。

一个母亲，将自己的一生和儿子的一生紧紧地捆绑在一起，控制着孩子按自己的要求去生活，强迫孩子与自己共生，是愚蠢，也是迫害。

每个人都有自己的人生要去完成。

每个人只要活好自己的一生，就是成功。

身为母亲的你，你的孩子不欠你，而你却欠孩子一份独立，一份自由。

你的梦想不等于孩子的梦想，你以为的完美生活，并不是孩子期待的生活，那只能代表你渴望的一生。

这个世上所有的爱都是为了相聚，唯有父母的爱，是为了别离。

在每一个母亲生下自己的孩子的那一刻，就和孩子属于不同的两个个体，从肉体的分离，再到精神的分离，最后到情感的分离。只有彻底的独立，才能使孩子真正成长成一棵大树，成为一个顶天立地的人。

生为人母，本是多么幸福的一件事，可是有多少父母却以爱之名，肆意发泄自己的控制欲，以爱之名支配孩子的人生。父母望子成龙，望女成凤，本无可厚非，但过度的控制和监管就成了孩子成长路上的一颗毒瘤。

这个社会的巨婴何其多，而且越演越烈，事实上，每一个巨婴的背后都有一个作案的父母。她们活生生将自己的爱，变成了扼杀孩子精神独立的刽子手。

每一个当妈妈的，都希望自己的孩子有个完美的未来：考上好的大学，迎娶白富美，事业成功，嫁个有钱人，找一份轻松钱多又体面的好工作……

可是，却没问过孩子希望过什么样的生活。

父母眼里的完美，有时候并不是孩子们想要追求的人生，真正的幸福或许无关一切金钱、权利、利益，可多少父母熬过了这一生，却依然不懂。

对孩子控制欲过强的的父母，其实是在完成自己此生的梦想，用孩子来帮自己实现一生都未完成的愿望。

如果父母懂得松开手，让孩子自己去奔跑，自己去摔跤，自己一步一步学会独立，他们创造的未来可能远远大于父母为他们勾画的蓝图。父母生育孩子，养育孩子，教育孩子，而最终要做的，是放开孩子。

对于母亲来说，孩子是自己身上掉下来的一块肉，从一个整体，到分离成两个个体，就已经衍生了两种不同的人生，这是自然的规律，也是生命的原理。

生为父母，一开始就应该学会如何慢慢地与孩子别离，教会他独立生存，赋予他顶天立地的能力。

这才是母爱的伟大之处。

不要让自己在没有依靠时，就失去了生存下去的能力

任落落

001/

林芳是一个让人羡慕的女人。年轻的时候是他们那一片小区唯一考上重点大学的孩子，毕业之后她升职的速度也比普通人快很多。工作了几年，嫁给现在的先生，她先生不仅人品好而且事业成功，哪怕因为林芳嫁人已经搬离小区居住，曾经的邻居们谈起她时还是羡慕又嫉妒得眼睛发红。

周末林芳回娘家，经过书店刚好看到有想要的书，便顺手买了。到楼下时遇到正对门的阿姨，阿姨一看到林芳就热情地打招呼，看到她手中几本书翻了一下就尖叫起来——

"哦哟，你都嫁得这么好了还看这么多书！我记得前段时间我女儿说你在学德语，怎么现在又看韩语了。啧啧，真是要让人羡慕哦！"

林芳笑着说了几句就离开了，刚走没几步就听到阿姨阴阳怪气地说：

"念那么多书有什么用，最后还不是和我女儿一样，嫁人当家庭主妇，装得咧……"

想回头辩白几句，人家早就走得没影了，气得林芳在群里叨叨了好几遍"怎么会有这样的人！"

其实最初林芳决定辞职当家庭主妇的时候，我们所有人都惊呆了，觉得她这完全就是"自杀式"的行为。更何况当初她的部门经理马上就要调离，不出意外的话这个位置肯定就是林芳的，每年的年薪都足以让我们惊叹。可是在这个关键的时候，她选择辞职嫁人，所有人都觉得她肯定是疯了，被爱情冲昏了头！

当时林芳就回答了一句："你们以为家庭主妇比事业女性容易？每种不一样的人生都应该体验。"

那时候是她丈夫事业刚刚起步，作为妻子她愿意牺牲自己的事业去照顾他。给他一个温暖又稳定的家，让他可以全力去打拼自己的事业。不仅如此，她还将自己多年来累积的人脉、经验毫不保留的交给他。急得我们每天都会找一些丈夫飞黄腾达后，抛弃结发妻子的故事给她敲警钟。她每次看完都只是哈哈大笑，我们急得不行，她却好像并不在意。

现如今她先生谈起那段时间，依然是浓浓的感激之情，总是当着我们的面说如果没有林芳的成全，就不会有今天的他成功。

她先生走后，我们笑她："原来你早就胸有成竹，料定他会感激你，才敢这样放手去做。只是……"

"只是靠感激维持的爱情很容易散对吗？"她笑，"我自然不是因为这个。当初会离职确实是因为我爱他，更大的原因是因为我敢。"

我们恍然大悟。

"我敢"，因为知道哪怕停留几年，也不会被社会抛弃，因为她有这样的能力，才能够有这样的自信说出"我敢"。

002/

林芳从来就不是那种只知道读书的"书呆子"，她是个十分热爱生活的人，也是很有冒险精神的人。而机遇，往往会偏爱这种人。

当家庭主妇的那段时间里，我们觉得她简直就像一个超人，不仅要照顾好先生的一日三餐、打理家庭，还坚持每天运动和阅读，她喜欢看的书五花八门，可一旦确定要学习哪一门科时，又会沉下心来认真去

学习。

这几年里，她学习两门外语，还报名了小提琴班，有时我们会问她为什么要让自己活得这么累，既然不上班了，有时间就应该好好休息呀！她白了我们一眼说："你们真以为我当初辞职就那么伟大？其实当下的形势是如果我真的当上部门主管，底下那些老员工不服不说，我自己也

没有很大把握可以做好。我虽然工作能力不错，但管理的能力实在有限。所以，趁着休息我看了好几本管理的书，也系统化的学习了一些。而且，我试过吃完饭就看剧、刷完剧就睡觉的日子。很美好也很可怕。累了之后这样的休息是美好的，可是长期这样那就是可怕了。"

果然，在她说完这番话后没多久，她重回职场，年薪翻了 3 倍。

我们总是在羡慕的时候觉得上天会不会对她太好了，却很少愿意承认这是她多年来自己打拼出来的结果。成功的人，无论在哪个位置永远都不会停止学习。而暂时的停留只是为了厚积薄发，让自己成为更有力量的人。

能力者总是拥有更多的选择权力，就像是林芳，她可以选择回到职场也可以选择回归家庭，无论哪种角色，她都可以很好地适应并且让自己变得更好。

003/

我曾经有一个同事小李，是上面领导指派下来的。没有通过任何面试，只是简单知会我们部门经理一声，就塞进了我们部门。刚开始我们觉得他一定来头不小，实力强大，否则怎么会让上面领导亲自安排工作。

可一周过去了，我们没有发现他有任何令人惊艳的本领，甚至理直气壮地懒散。当时我们正在研发新机，不管是我们绘图的还是楼上实验室的，甚至连部门的采购都加班。那一周，我们每天加班到凌晨 2 点，一起吃宵夜一起拼博，虽然很累可是高压的过程中我们学到了不少的东西。比如如何规避错误、如何更有效地计算，平时前辈们不愿意教的一些内容在紧急的情况下也全都教会了我们，为了新机研发完成，所有人众志成城、团结一心。

当然，这里面除了小李。

他被安排在我们画图部门，除了偶尔双手一背看一看我们绘图之外，没有做过任何工作。我们加班加点时，他按时打卡下班，一分钟也不耽搁。如果仅此也就算了，偏偏他还喜欢指挥，特别是我们在工作的时候，他总喜欢突然冒出来盯着你的图说："你这样画真的对吗？"

最初他这样一句总是吓得我们后背一凉，认真查阅后发现并没有问题回头问他时，他又若无其事地笑着说："没有呀，我只是随便问问而已。"

多次之后，我们制图部的老大终于受不了了，申请将他调离。之后我看着他调离了好几个部门，最后在公司里再也没见到他。

直到一次公司周年聚会时，他出现了。依旧是一副巡视的模样，打量着我们每一个人，眼神轻蔑。那时我们才知道，原来他是公司某一股东的儿子，原想着让他来锻炼，结果却什么也没有学会。

眼高手低，又不愿意学习，一旦他失去了父亲这个依靠，在社会上他将寸步难行。

就像电视剧《扶摇》里，燕烈的一段话，令我印象深刻：

"人要有所成就，裙带也好，机缘也罢，最终还是要靠自己的本事。在这个世界上没有什么事情是可以屹立不倒的，更没有什么人可以始终依靠自己的运气活着。当这两样都靠不上的时候，最后还是得靠自己。"

这个本事就是生存的依仗。

我们很容易抱怨命运的不公，也很容易羡慕别人好的家世背景。如果真的有起跑线这一说，或者命运确实不公，有些人生下来可以接触的世界就是不同。可命运又是公平的，无论拥有怎样的家世背景，自己的选择才是决定命运的真正因素。

004/

能力，往直白了说其实就是拥有一项能够让自己生存下去的本领。

很多人平时业绩平平，没有一项特别的技能，所会的东西也不过是大众都会的，在一个公司里不求上进的做个几年，如果顺利又运气好的话，可以做到退休拿着退休工资度日，如果运气不好碰上公司裁员或是公司倒闭，再找工作连一点竞争力都没有。

所以，趁着年轻的时候为自己赢得这种"能力"，无论是会讲一口流利的外语还是汽车修理，多拥有一项技能是人生的加分项，更是多了一重有力的保障。

这样的"能力"不会莫名就降落到一个人的身上，除了真的很有天分的天才之外，大多数人靠的都是一分一秒、一日一夜、一月一年慢慢学习累积而成的。

小丽以前从来不会觉得生活会有多困难，她中学毕业就出去打工了，23岁那年回老家嫁人，日子虽然过得平平淡淡，但是自由自在。和其他在外打拼或是依然还在学习的同学们相比，她觉得自己太幸福了。

也有人劝她趁着年轻的时候多学点东西，可是那时的她哪里听得进去，家里有人赚钱、父母身体健康，她对生活质量没有大的要求，觉得这样的日子刚刚好。学再多的东西，她也用不上，何必浪费那些钱。

一年前，她的家乡开始开发，将地区打造成农家乐的形式，很多在外打工的人都回来着手准备。翻修房子、学习研究，别人忙碌的时候小丽也有过动心的，可是一想到万一失败还不如什么也不做。于是她想着再观望一段时间，如果别人成功了证明确实可行，那时候她再来做也不迟。

当时很多亲戚都劝她赶紧去学一学别人是怎么管理的，她家老房子占地面积又大，地理位置也好，如果做成民宿的话一定会很有特色。最重要的是她丈夫原本就是厨师，打造几款当地特色的菜一定会成为招牌的。

但小丽还是决定等，因为她心中没底，也害怕失败。

结果可想而知。

最初大力宣传的时候，来游玩的人非常多。眼看着前后好多人都靠着这个发家致富了，小丽开始着急了。等她去学习别人的装修风格、特色项目时，最热的风潮已经过去，再来的人远远不如以前的多。

可见，没有能力不可怕，可怕的是找尽了借口不去努力、不去学习。最后只能眼红地看着别人走在自己的前面，却连一点汤羹都分不到。

比起拥有"能力"，更重要的是执行力。太多人都只是想一想，靠着脑海里描绘出成功的画面来满足自己对现状的不满，没有执行的假象，最终只能被称之为"白日梦"。

生活可以有很多种选择，或是满意现状、或是拼博奋发，无论是哪一种都不要让自己在没有依靠时，就失去了生存下去的能力。

是白日做梦还是梦想成真，路就在脚下，没有人能够不迈双腿就看遍人生的不同风景。

第四部分

看似风光的背后，

是无数的血和泪

这个世界不会辜负努力坚持的人

白晓

001/

曾经，我是个失败的创业者。

我并不建议身边的朋友，放着好好的工作不做，一时头脑发热跑去创业。

毕业后的第三年，我创业失败，辛辛苦苦几年的积蓄付之东流，生活拮据，周围的朋友也都离我而去，而我在别人眼里成了不靠谱、瞎折腾的代名词。

那段时间，我满腔的热血和激情都被扑灭，在迈出人生第一步的时候我就狠狠地摔了跟斗，我的斗志就此熄灭。为此，我曾颓废了好长一段时间，一朝被蛇咬十年怕井绳，每次听到有朋友要创业，我都极力劝阻。

可是我的朋友安静给我上了一课。

安静是我为数不多的朋友，也是当初我创业失败的时候唯一借钱给我，并在精神上鼓励安慰我的女孩，人总是容易在脆弱的时候认定一些对别人来说很平常的东西。或许对她来说，她只是因为善良的本性，安慰了一个关系还算不错的老同学，可对我来说，她却在我心里飞快地巩固了地位，成为我心中最重要的朋友。

所以在听到安静要去创业时，我第一个跳起来反对。

如果她家庭条件不错，父母给予支持，她的手上有一笔流动性很强的资金，而且有周密的计划和准备，那我或许会选择支持。可是她来自普通家庭，创业的资金也是毕业后到处打工辛苦了几年才攒下的，创业有很大的风险，作为朋友，我不想她冒险，也不想她经历我曾经历过的痛苦。

可安静说："我们不能因为摔了一跤就选择一辈子不走路，也不能因为失败了一次就永远不敢再次尝试，成功没有那么容易，可是失败却是成功路上铺垫的基石，只要计划稳妥，不轻易放弃，并且有承担失败的心理准备和预算，我觉得我还是可以试试的。"

我被她说得有些脸红，我知道她不但在说她自己，也是变相地指出我这几年的颓废。尽管如此，我依然对她的决定充满担忧，可她反而安慰我："不用担心，我是跟认识二十几年的好朋友一起创业，哪怕万一真的失败了，我跟她两个人一起撑着，再说，不是还有你吗？大不了到时候跟你蹭吃蹭喝，你不是总说有机会要好好报答我吗，到时候你别赶我走就行。"

　　她揽着我的肩膀冲我眨眼冲我笑,我从她眼里看到了坚定和执着,我知道自己说什么都没用了,只能选择支持她,于是询问了她那个合作伙伴的情况。

　　安静说,肖美琳是她从小到大最好的朋友,两家的情况都知根知底,决定创业的那一刻,就开始积极商量对策,还做了很详细的调查,万事俱备,只欠东风。

　　筹备了几个月,安静和好姐妹肖美琳长途跋涉,终于去了心心念念的云南大理安定下来,选择了人流量很大的知名大学旁边开速食店,专卖花样繁多、价格实惠的原创便当盒,从选址到装修再到开业,两个人忙忙碌碌,创业资金也花了个七七八八,等正式营业的时候,已经捉襟见肘,但好在店铺总算正式开起来了,每天的收入也够正常运营。

　　安静一直认为,她之所以跟肖美琳成为成为很好的朋友,是因为她俩性格互补。

　　肖美琳早早就去社会打拼,性格沉稳也成熟,而安静总是给人一种没有任何城府、心机单纯的感觉。她们俩之所以去大理,也是因为她们很喜欢旅行,走过那么多地方,两人最喜欢的地方是大理,她们的梦想就是有一天跑累了,就在大理定下来,开个小店,两个人一起创业一起努力。

而现在，梦想终于实现。

速食店的生意一开始就很不错，毕竟地段很好，便当盒的花样也多，价格还十分实惠，适合许多年轻人还有大学生。

002/

最开始开店时，安静感觉跟肖美琳的友情有了一个质的提高，她们像是并肩作战的好朋友，冲锋陷阵，无所畏惧，生意虽然不错，开支也不小，前期便当量不敢做太多，卖不完放到第二天会影响味道，多半要扔掉，做少了又不够卖，这样一来也没有太多盈余。但安静并不担心，只要这样持续一段时间，知名度高了，人流量也上去了，便当的销售数量肯定能提升，她对未来充满了希望。

然而好景不长，安静似乎忽略了很重要的一个问题：她和肖美琳都是热爱旅游的人，累了乏了停下来歇一歇，可是，热爱旅行的人是无法长时间固定在一个地方守店的。

她们的店开了才不过三个月，肖美琳已经有些厌倦这样重复且枯燥的生活，她经常提议关店一段时间出去走走，可安静觉得现在正是事业的上升期，突然关闭店铺肯定有很大影响，而且每天的店租也是一笔不菲的费用。

安静觉得肖美琳应该能理解她的意思，却忽视了肖美琳越来越浮躁焦虑的情绪，一直到第四个月结束，安静已经能独当一面，肖美琳这时却告诉她，她离开家太久了，家里的男朋友跟她吵了架，她得回去一趟。

安静虽然觉得现在生意这么好，肖美琳这时候离开有些不妥，而且她一个人实在是忙不过来，但也不好说什么。而且她选择无条件地相信她，大不了她再辛苦一点，起早一点，多做些便当出来，实在不行了她还可以聘请几个兼职生，很多事情都是熟能生巧，做便当也一样。

听到安静答应，肖美琳很感动，她还答应安静，等她从家里回来，安静也可以回家或者去别的地方旅行散散心，她俩轮流看店，创业旅游两不误。

当时才刚创业不久，安静一门心思扑在小店上，哪里有心思去玩，但也不想让肖美琳扫兴，她督促肖美琳好好照顾自己，要跟男朋友心平气和地谈一下，没有必要闹到分手的地步。

然而，让安静心寒的事情还是发生了。

003/

肖美琳回家以后，开始还会主动给安静发信息，问问店铺的情况，但没过几天，她就很少再找安静了。安静开始没多想，毕竟和她男朋友一起，空余时间自然会减少，再加上肖美琳走了以后，她一个人开店，实在很忙，忙得根本没有心思想别的事情。

就这样，安静连轴转工作了一个多月，后知后觉地发现，肖美琳好像失踪了一样，这才觉得不对劲。

终于有一天，安静的身体支持不住了，她病倒了，关了半天的店。自己一个人去医院打点滴，又一直联系不上肖美琳，只好冒昧地打扰肖美琳的家人，让肖美琳忙完立刻回她电话。

那天，安静傍晚躺在医院打着点滴，也等着肖美琳的消息。

肖美琳的电话很晚才打过来，一打过来就是很不开心的语气："安静，我知道我离开的时间有点长，但是你把电话打到我家里是不是有点过分了？我跟你直说吧，我不想回来云南了，我觉得我不适合长期固定在一个地方，那对我是束缚，我想清楚了，我还是更渴望自由，更喜欢旅行。那个小破店，累死累活几个月，盈利还没我上班一个月的工资多，我劝你也早点撤吧，如果你想继续坚持，那我们当初一起创业的资金，你把属于我的那部分退回给我，我不想继续了。"

肖美琳甚至没有一句道歉，就狠心地把安静一个人丢在遥远的云南，没有朋友，只有一个刚刚起步的店，而肖美琳现在要让安静将一半的创业资金抽出来给她，那店怎么办？

安静没有想过，她从小到大最好的朋友，有一天会这般对她。

安静当时觉得天都要塌下来了，她们俩刚创业，所有资金都投进去了，也没开始回本，她上哪找这些资金给她。

　　"你也知道我们的资金已经全部投入了，现在要把资金撤出来，唯一的办法就是把店转出去，可是我们的店铺刚刚正常运转，就算拿回剩下的资金，也要亏掉一大半装修和工具的费用，而且店里的生意也越来越好，现在撤掉等于前功尽弃，我还想坚持一下，美琳，你再考虑考虑吧。"安静跟她分析了目前的情况，只希望肖美琳能改变主意。

　　可是肖美琳心意已决，只担心自己的钱全赔进去，催促安静尽快把她那部分的钱还给她："至于店我已经确定不会继续下去了，你不用再劝我。我跟你一起折腾了几个月也没收入，现在我急着用钱，你自己想想办法吧。"

　　安静急得都哭了，她没想到肖美琳说翻脸就翻脸，根本不给她一点选择的余地，难道她辛辛苦苦经营的小店，真的要功亏一篑吗？

　　安静生着病，整天精神焦虑，病情也一直不见好，她跟我打了电话，委屈得直哭。我不知道该怎么劝她。她已经走出了第一步，这时候劝她放弃确实有点过分，只能帮她一起想想办法。我拿出自己一部分积蓄，然后建议她再跟朋友借一些钱，先把肖美琳的钱还上，安静在电话里哇哇大哭，她说现在才体会到当初我的心情。她一个个朋友打电话找过去，小心翼翼地问他们借钱，最后东凑西凑了一笔钱，给肖美琳打了过去，既然她有急用，也已经确定退出，她也不想让自己的事情耽误别人。

店，她打算一个人扛下来。

可是钱打过去没几天，安静就从肖美琳的朋友圈看到肖美琳和男朋友去马尔代夫旅行了，他们玩得很高兴，肖美琳的笑容刺痛了安静的心，原来她突然抽身离开，逼她还钱，只是为了和男朋友去旅行，她不曾考虑过她那么做带给自己是多大的困难和痛苦。

有一瞬间，安静想直接拉黑肖美琳，但她还是忍住了，她换位思考，其实肖美琳也是觉得开店赚不到钱又辛苦，想让她关了店撤资而已。

其实她有什么错呢？

只是自己和她的选择出现了分歧，自己选择坚持，而她选择放弃，仅此而已。

那一刻，安静感觉自己像是经历了一次大劫，只有体会过那种煎熬的苦楚，她的目标才更加坚定，她知道，自己会坚持下去，哪怕失去了盟友和同伴，她还有理想和意志，她要感谢肖美琳，陪她迈出了创业最艰难的第一步。

以后的路，她要自己走，而且要走得更远更好。

安静也想向肖美琳证明，现在她的放弃有多愚蠢，没有人知道，安静是怎么咬紧牙关，坚持把那家速食店做下来的。

004/

肖美琳不负责任地走掉以后，她确实低落了很长一段时间，也曾在困难面前退缩，疑惑自己的坚持是不是错了，可每天都要开门做生意，她没有办法把悲伤、难过的一面展示给客人看，只好学着把情绪藏在心底。

安静说："被最好的朋友抛弃是什么滋味？我一辈子都记得，那种突然失去支撑，被最信任的人从身后狠狠捅了一刀子的感觉。但理智却清晰地告诉我，她有她的考虑和判断，她也没错，可那种被抛弃的感觉却是真真实实存在的。"

这么大的一个摊子，突然压在她一个人的身上，她除了压力，还有茫然和恐惧。以前肖美琳在，她会想着，要是自己做错了什么事情，起码肖美琳可以帮忙一起分担，但现在只有她自己一个人，什么事情都要她去想去考虑，万一做错了，后果也得自己一个人承担。

肖美琳的离开，让安静变得更加坚强，也成长了不少，特别是遇到困难的时候，她不是没想过放弃，可是安静最后还是硬扛了下来。

渐渐地，安静真的可以做到一个人独当一面，她更有条理地做着规划，避免自己犯错，更有系统地管理好这一家速食店，让自己不会忙昏了头；她根据大部分客人的口味，每个月推出一款新的便当盒，限时限量限价，每月都被抢购一空；有时候忙不过来，就雇两个大学生做兼职，还发展起外送服务；坚持的时间长了，安静的特色外卖有了很好的口碑，更有了一部分固定客源和回头客，还有很多新的客人被吸引，口碑也在学校里传了出去。每月翻新的花样新颖又有意义，味道还很特别，当地的报纸和自媒体也都找上门来，约安静做起了美食访谈……

通过这一次的创业，安静经历了重重困难和挑战，竟然在短短一两年里，得到了意想不到的成长，她变得更加自信，也更有想法，做事更加稳重有计划。如今她的店铺招了三个店员，已经不用她事事亲力亲为，她有更多的时间去研究新便当和自己喜欢的东西，谈吐气质都得到了提升。

最重要的是，小店的营业额翻了几倍，和当初的入不敷出相比，那变化简直天翻地覆。她在最短的时间里还清了当初的借款，她从小到大都很讨厌欠别人东西，不再欠债的感觉真的一身轻松，这个小店，真正只属于她一个人，有独特的风格，有她喜欢的格调，还有她的梦想和希望。

但这对安静来说，只是一个开始，未来还很长，她还有很远的路要走。

再提起肖美琳，安静已经不再抱怨她的狠心离开，她在视频里笑着跟我说："如果没有当初肖美琳的离开，我不可能那么快独立坚强，也不会遇到事情自己想办法去解决，更不会坚定地走到最后，是扛在身上的包袱不允许我放弃。我无法接受亲人朋友失望的眼神，更不允许自己在梦想起航的地方摔跟头，我可以摔跤，但我不会放弃飞翔，只要坚持，没有到不了的远方。"

"你还怨她吗？"我笑着问她。

"人与人之间，如果不能将心比心地对待彼此，是没有办法做长久的朋友。后来，我在开店的过程中遇到了形形色色的人，他们很多都成了我的朋友，不时会来看我，陪我聊天，让我倍感亲切，可我却没办法去怨恨别人，毕竟每个人都有自己的路要走，我不能因为自己的需求，就强行捆绑别人的选择和意志，所以我没有理由去怨她，否则，该被怨恨的那个人可能会变成我。"安静的笑容很从容，也很平静，我在她眼睛里看到的是自信和宽容。

"可是，放弃自己喜欢的旅游，不觉得遗憾吗？"我想到安静最喜欢做的事情就是旅游，不由得想知道她这般取舍是否值得。

"看看这是什么？"安静拿出两张到西藏的机票，得意地对我晃了晃，"你不是最近灵感枯竭吗？有没有兴趣一起去西藏，那里可到处都是灵感哦！"

"那你的店怎么办？"我眼睛一亮，然后又想起了这个重要的问题。

"店照常开呀，我只需要带着我的电脑，想去哪里玩都没问题，怎么样？有没有兴趣和我周游世界？忙了好一阵子，可算有时间轻松轻松了。"

我笑了起来，点头："乐意之至！"

　　我当晚就在朋友圈晒出了和安静准备去西藏的机票及行程，以此通知朋友和编辑们近期不用找我了，在西藏的旅途中，我们拍摄了很多美景，对于我这种宅女来说，机会难得，我自然第一时间把那些美丽的照片和朋友们分享。

　　无巧不成书，在西藏旅游的第三天，我和安静竟然在西藏遇到了肖美琳！

005/

　　听说，肖美琳和她男朋友分手了，因为经济问题。两个人都喜欢旅游，却一直没有好好工作，没玩几次，他们的积蓄就花光了。肖美琳换了几份工作，觉得做得不开心又辛苦，工资还很低，就辞职了，她男友更是无所事事，两人的生活捉襟见肘，吵架越来越频繁，直接闹到了分手。

　　肖美琳辞了工作又失恋，开始回家啃老，慢慢地跟爸妈的关系也处得不好，意志消沉，旅游也很少去了，毕竟没有经济支撑，很多兴趣和梦想最终只能成为梦想。

　　肖美琳说，自己曾经一个人飞去大理，她没想到安静一个人竟然能将速食店做那么大，门口排队的学生排成了长龙，她买了便当，却没有选择出现在安静面前。

　　直到这次在我的朋友圈看到和安静飞来西藏旅游的照片和位置，也不知道出于什么心理，她二话没说就飞过来。

"我欠你一个道歉，对不起，安静。"肖美琳最后说道。

然而随着时间的流逝，所有不好的记忆都慢慢被淡忘了，剩下的只有当初的美好，安静摇摇头："你没有对不起我，反而是我，应该谢谢你。谢谢你让我学会了独立、坚强、坚持。你当初的选择，其实是成全了我，这个世界，不会亏待努力坚持的人，不要执着过去，想想当初一起创业时的勇气和斗志，还有什么是不可能实现的呢？"

肖美琳沉默了。

我也沉默了。

人这一生里面，会遇到形形色色的人，我们开心过，哭泣过，惊喜过，也失望过，人来人往，最后留在我们身边的，都是彼此的依靠。而提前离开的，或者伤害我们的，都给我们留下了这一生受用不尽的财富。

我看着安静，想想自己这两年虚度的岁月，突然觉得愧疚不已，我愧对的是自己的似水年华，青春还在，勇气还在，被现实磨灭的斗志也逐渐清醒。我想，在我最美好的年纪，我还可以再拼一次。

我们曾经受过的磨难，吃过的苦，都是一次次宝贵经验的积累，错误让我们成长，困难让我们坚强，失败让我们看清正确的路。

只要坚持，梦想一次更比一次接近；只要努力，高山也将臣服脚下；只要相信自己，就没有到不了的未来，圆不了的梦想。

北上广不相信眼泪

夏与至

001/

　　穿着单薄的曾帆在凉风习习的秋夜有些落魄的等待开往出租房方向的最后一班公交车。

　　路边依旧车来车往，只是行人匆匆，停留的过客越来越少，城市的夜空黯淡无光，唯有街头的霓虹独自闪耀，宛如降临地面的星辰。

　　此刻曾帆的心沉重似铁，丝毫没有因为夜晚温柔的清风而得到安慰，他心里一直在盘算着怎样赚钱和省钱。在北京生活不易：交通、租房、吃饭以及一系列的日常生活开销，样样都得花钱，如果不精通算计，真是一不留神就会入不敷出。

　　曾经的曾帆也是一个凡事都依靠父母、经济不独立甚至有些不务正业的小青年，自从来到北京，他便渐渐体会到生活的艰难，以前总是埋怨父母的他终于明白了父母的不易，不仅改掉了大手大脚、花钱如流水的习惯，还一改往日的颓废消极，换了副积极进取的面貌打算通过自己的努力在北京站稳脚跟。

可大城市的生活哪有那么容易？

不富裕的他，只能想方设法地赚钱和省钱，开源节流，每月除了打五百块到父母的卡上，留足生活费后剩下的工资全都存进了自己的梦想账户里，他说这里面攒的钱是留着未来买房买车用的，尽管存款暂时不多，但他相信只要努力奋斗，卡上的数字一定会越来越多。

为了赚钱，他披星戴月，早出晚归，在公司里尽快将手头的工作做完，用业余的时间接私活——帮其他公司写策划，做 PPT，写广告方案以及各种软文，总之什么来钱快他就做什么，他不敢挑剔，勤勤恳恳，忙忙碌碌。有时为了那么三百块钱，熬一个通宵磨出一篇广告软文，第二天冲杯特浓咖啡，顾不上困意又得赶最早一班的地铁前往公司，他甚至没有浪费在地铁上颠簸的时间，脑子里不是构思广告案，就是想着如何得心应手地写好下一篇软文。

他在疲惫生活掀起的巨浪中逆流而行，他不敢停下自己的脚步，他害怕自己跟不上这个节奏极速、飞快发展城市的步伐，他害怕被社会淘汰，害怕被人嘲笑，更害怕自己没有未来，给不了父母一个安稳的晚年生活。

无论如何，他要在北京生存下来。因此他只能拼命工作，奋力拼搏。

我见过很多远离家乡在外打拼的年轻人，他们和曾帆一样，一无所有，孤身一人来到大城市，渴望在大城市里站稳脚跟，有一天也能像城市里的人一样有一套属于自己的房子，甚至是一个幸福美满的家庭。为此，他们步履匆匆，不敢停留，艰难的活在城市的最底层，即使生活再艰辛，也丝毫不敢回头后退。

他们要的并不多，有时只是简单的温饱罢了，他们想要赚很多很多的钱，却不单单是为了自己，还有那些远在家乡的亲人们，他们为了自己的家辛苦操劳，就像一个个身披盔甲的勇士，迎着生活逆流而上，铿锵有力，坚毅果敢。

北京、上海、广州、深圳、成都、南京、杭州、重庆，还有很多经济发达的大城市都是他们的聚集地。大城市宛若披着一件精美外衣的女子，繁华时尚，哪怕是在黑色的深夜，依旧车水马龙，霓虹闪烁，很多人羡慕它的美，却深知无法占有它。

曾帆刚到北京时，一下就被它四通八达的交通给惊住了，他出生于西部地区一落后小镇，大学则是在本省一座三线城市读的，偌大的北京就像一个闪耀光芒的万花筒，不断地吸引着他，让他再也不愿离开。

可后来他才明白，这个城市再怎么繁华美好，都与自己无关，他只是一个普通的白领，活得勉勉强强，表面的光鲜都只是空壳，脱下了西装外套，他就是一个三无青年——没车、没房、没存款，钱包比自己的脸还要干净，房间总是比梦想还要逼仄。

刚来北京那会儿，他不认识路，想去天安门附近转转，结果却迷了路，不知道怎样坐公交车回来，刚巧自己的手机又没电，他一个人脸色难堪地走在路上，心里阴沉如同飘着刺骨的大雪，整颗心都彻底寒透了。

幸亏遇到热心肠的人，他才没有继续走错方向，他通过好心路人的指引终于找到了地铁，最后顺利回到了出租房。

回想起这段不堪的往事时，他感慨地说："那一刻，我突然发现自己离北京很远很远，哪怕我就在北京，却始终与它相隔万里，无法跨越。"

如今的曾帆已经升到了公司总监，年薪优渥，有一批努力工作的部下，不仅得到了总裁的高度认可，还受到了全公司员工的尊重，过上了他过去所渴望的那种光鲜亮丽的日子。

然而他一个人在北京打拼奋斗多年的往事鲜有人知，人们只羡慕他当下精彩闪耀的生活，却不知道正是过往那段艰苦难熬的时光，造就了今日优秀夺目的他。

002/

18:42　　　　　　　　　　　上海地铁站　　　　　　　　　　上海

　　乔山在人流中挤上了地铁，看着身边拥挤的行人，他深深吸了一口气。

　　大学毕业之后，他选择到上海发展，时尚之都繁华旖旎不假，然而并不是每一个人都能理直气壮的配得上那高贵的时尚和繁华。

　　乔山刚进公司那会儿，经常被公司其他部门的同事们嘲笑，他们嫌他学历不高，普通话口音重，人还长得跟土包子似的，没有半点气质，穿的衣服廉价庸俗又没品味，总之在那些外表光鲜亮丽的人看来，乔山身上的一切都糟糕透了。

　　"你知道他们有多么鄙视我吗？在我背后说我坏话就不提了，他们还常常当着我的面一个劲地开我不喜欢的玩笑，丝毫不顾及我的感受，平时有活动都不带我，下了班就冷漠地走开，对我不理不睬，仿佛我不是他们的同事……"

　　乔山向我倒苦水时一脸委屈："他们凭什么这么嚣张这么得意啊，我是不够优秀，不够时尚，可我也不该被人嘲笑，更不该被人蔑视！"

　　后来他工作更加起劲，并开始不断地完善自己，学着讲上海的方言和口音，学时尚人士的穿衣打扮，学着八面玲珑地和不同的人相处。

　　"我这样做只是为了不让别人瞧不起我，我要在上海活下来，而且一定不能比他们差！"

　　起初，乔山在受到委屈时会难受到想哭，觉得生活太艰难了，但后来的他已经学会云淡风轻地接受生活中的不如意。

　　毕竟，眼泪没有什么用，如果你没有做好自己的工作，那么你就算做太多也是白费的，在职场上你难免会受到委屈，但那些都只是暂时的，你得把流泪的时间都用在努力上，不断提升自己的能力，用汗水和实力证明自己。

　　想在上海站稳脚跟并拥有自己的一番事业，是一件非常艰难的事情，对于无依无靠的异乡人尤甚。那些来上海打拼的年轻人要想出人头地、实现梦想，就必须付出比常人更多的汗水和努力，生活是残酷而现实的，你必须要适应这个社会，否则只能被淘汰出局。

　　乔山如今还是一个普通平凡的白领，在一家广告公司就职，领着一份不高不低的薪水，每天都要处理一大堆报表,还得为了每月的KPI头疼，但和刚毕业那会儿的他相比，的确成熟和长进不少，也越来越能融入到这个城市了。

　　他的梦想是在上海浦东买一套属于自己的房子，最好能在上海成家立业，日后还要把父母接过来孝顺他们。

　　即使现在看来，这个梦想依旧遥不可及，但他丝毫没有放弃，他还在坚持努力工作，生活在慢慢地变好，而他也变得愈加优秀出众。

这个世界永远不会辜负一个人的汗水和努力，我们所期待的那个美好明天，终究会在我们持之以恒的行动中离我们越来越近。

003/

| 18:42 | 广州火车站 | 广州 |

走出火车站的时候，小末摸了摸口袋，浑身上下就只有一千块现金，她站在这个陌生的城市，举目无亲，看着身边陌生的行人，不知道自己这个决定是否正确。

此刻的她，连房子都租不起。

当她做这个决定的时候，家人都觉得小末疯了，在他们眼里女孩子不该那么拼命，读完大学就该回到老家，找一份差不多的工作，再谈一个差不多的对象，过一种差不多的生活，人生就算圆满了。

但小末非常抵触父母口中那种差不多的生活，因为那根本不是她真正想要的人生。她一直期待自己能够成为一个闪闪发光、叱咤风云的女强人，而不是一辈子待在老家相夫教子的家庭主妇。

为此，她不顾家人的反对毅然来到了广州，决心在这座五光十色的繁华都市展开自己的追梦之旅，无论生活多苦多累，就算咬着牙也要一路撑下去。

小末的求职之路并不顺利，她投了近百份简历，面试了几十家公司，最后才幸运地进入了一家小型民企就职。

试用期的工资只有两千五，真正到手的更少，但小末没敢诉苦抱怨，毕竟这份工作还是刷掉了90多人后才成功得到的，如果忍受不了辞职，那么她下个月就只能喝西北风了。

那段日子里，她住在一间10平米的单间里，每天六点就得早起赶地铁，在公司里饭菜都吃最便宜的，方便面、压缩干粮和面包成了她的晚餐首选。她不敢逛街购物，所有衣服都是她在网上买的便宜货，早茶和汤水她都舍不得吃，连化妆品她都是挑超市打折促销时买的。

小末的工作枯燥繁重，忙起来就得没日没夜地加班，工作出了差错，还得挨上司一通臭骂，但这些她都忍了下来，无论何时，她都在外人面前保持着淡淡的微笑，等到夜深人静时，她才会在被窝里默默地流眼泪。

因为她明白，在职场上受到委屈、被上司批评、甚至被扣奖金时，哭是没有什么用的，眼泪只会暴露你的脆弱和无能，让你沦为别人眼中那个只会哭哭啼啼而没有实力的女同事。

再说了，来广州是她自己的选择，就算再艰苦再辛酸，她也得硬着头皮坚持下去。她不想一直哭，更不能一直输。

后来小末前前后后换了好几份工作，如今她的工资翻了好几番，银行卡里的存款也变得越来越多，她搬出了那个狭小的单间，在公司附近租了一间条件不错的房子，不再像过去那样早起挤地铁了，也不再不敢逛街、只挑超市的打折货了，她学会了各种化妆和保养技巧，不再亏待自己，活得是越来越精致了。

小末的工作依旧繁重忙碌，但她不再抱怨纠结，也不再因为委屈而流泪了，她说："职场上拼的是个人能力，没有人在乎你那廉价的眼泪，好好努力，不断提升自己，比什么都重要。"

今年是小末来广州的第六年了。

那一年，她只身一人来广州闯荡，而现在，她衣着光鲜。

春节回家过年时，小末参加了高中同学聚会。在觥筹交错的饭桌上，她发现班里大部分女生都已结婚生子，还有的已经生了二胎，她们聚在一起相互抱怨吐槽，不断诉说着家庭生活的无趣和烦恼。

那一刻，她意识到自己当初到广州闯荡的决定是无比正确的，因为她永远也受不了老家那种平淡无奇的庸常生活。

"谁说女孩子就不需要努力，就不需要拼命了？像我这种没钱、没背景、没人脉的普通女孩就只能拼命努力！如果我没有在广州辛苦地打拼奋斗，那么我可能早就结婚生子，过着和别人一样的平凡生活了，我很庆幸当初自己做出了正确的选择。"

小末没有后悔来到广州，虽然她也曾经历过一段格外艰难的时光，但她忍受住了所有苦难，一直挺到了今天，终于活成了自己喜欢的模样。

004/

常常听人说，北上广是不相信眼泪的，有很多朋友用自己的亲身经历告诉我，很多大城市虽然看起来繁华绚丽，但不是那么好混的，混得好也不过如此，混得差你就只能卷铺盖走人了。

你可知道有多少人满怀梦想地来到北上广这些大城市闯荡，又有多少人在北上广失败受挫、灰头土脸地逃离北上广呢？

生活就是那么现实，你不想面对，也必须承认，这就是现实。

可我们活在这样的现实中依旧不放弃自己的梦想和期待，哪怕现实再残忍，我们仍然渴望身处的这座城市能够拥抱我们，哪怕我们活得再卑微再渺小，也依旧渴望着能够站在城市最高的地方眺望俯视，闪闪发亮。

从我们手里攥着那张火车票开始，我们就打算要和这座城市死磕到底，就算活得再苦再累，日子过得再辛酸，我们都无所畏惧，咬着牙硬着头皮也要坚持挺过去。

北上广从不相信眼泪，可它们相信汗水，相信努力，相信拼搏。

世界上没有随随便便的成功，大城市里更没有轻而易举的生活，通往成功的道路有很多条，但始终只有坚持的人才能抵达。

我们谁都无法保证未来是一片光明，但我们谁都不愿放弃希望和努力。

即使在这座大城市里，我们活得像一只渺小的蝼蚁，但我们依旧渴望在这里扎根生存。城市的夜空黑暗，夜晚却无比敞亮，街边有无数的霓虹闪烁，就好像指引我们前行的启明星。

我们的每一步走得都是那么地艰难，但是，就算我们走得再慢，也决不后退。

因为我们心中有梦想，有希望，有憧憬，而那些看似遥不可及的未来也有着无数种可能，我们不会那么轻易就放弃。

伴着这样明亮而温暖的灯光，我们度过一个个漫长的深夜，也将迎来一个个灿烂美好的晨曦，未来在我们手中，路就在我们脚下。

停下追逐利益的脚步，把目光放远

黎溪淳

001/

在这个经济飞速发展的时代，每个人都是忙碌的。

贫穷的人为了生存而奋斗，衣食无忧的人为了能够更上一层楼而努力，顶层的人为了巩固自己的位置而坚持，没有人敢一直停下来，因为每个人心里都有一个洞，洞里缺失什么，就要拼命往里面填补什么。

有人知道适可而止，而有的人，填着填着，却突然找不到自己了。

外婆家隔壁有两个跟我同龄的姑娘，她们是年龄相差不到一岁的堂姐妹，她俩小时候就是出了名的漂亮聪明。我去外婆家的时候，也特别喜欢跟她们在一起玩，她们俩一个会唱一个会跳，很招人喜欢，小小年纪全镇的人都知道她们的存在，让我以及其他的小伙伴都很是羡慕。

会唱歌的是堂姐阿思，会跳舞的是堂妹阿研。

从小学开始，她们堂姐妹就开始参加各种校内校外唱歌跳舞的比赛，姐妹俩的名气渐渐扩大，然而，当时他们的名声也只是在本市传播一下，离所谓的"红"其实还差了一截，而真正让她们火起来的，是在她们十六岁那年，参加了一档某电视台的举办的一次大赛，在那次大赛中，她们得了第二名，上了电视，全国有不少的观众都认识了她们。

这让她们姐妹开开始尝到了真正火起来的滋味，除了粉丝量大增之外，各种活动、广告都找上了门来。

虽然生活上变得各种不便利，但是对于当"明星"的体验感，两个青春期的小姑娘很是受用。

阿研的妈妈正式辞了工作，当起了她们两个的经纪人，给她们接各种活动跟广告，每天打扮得精致漂亮在舞台上唱唱跳跳的，生活过得很充实，但鱼和熊掌不可兼得，她们的学业也因此落下了，甚至还因为一场所谓很重要的演出，姐妹俩放弃考试，选择了演出。

然而，过了一年后，她们的人气开始下降，因为她们这个组合一直没有什么创新，每次在台上都是唱同样的歌，几支舞跳来跳去的，观众们对她们渐渐失去了兴趣。

最重要的是，长江后浪推前浪，新的一季大赛里，有更出色的组合出来了。

广告商以及各种演出活动都朝着最热闹的新组合蜂拥而去，来找她们姐妹花的，都是一些出钱少，甚至不愿意出钱的。

大红大紫过后的冷落感，姐妹俩一时无法承受，这样熬过一段时间之后，姐妹俩之间产生了一些思想上的分歧。

阿思以及阿思的家人觉得当明星不是长久之际，现在虽然还能赚一些，但是这些都是因为她们还有点知名度，等这些知名度都耗光了，她们彻底过气了怎么办？人一辈子还很长，不是眼前赚一点钱就够了的，她们现在这个年纪，应该更注重学业才是，自己把本事学起来，以后走到哪里都不怕。

阿研尝到了红的滋味，过惯了每天被人追捧崇拜着的生活，突然让她再去过回一个普通人的生活，她无论如何也做不到。

所以，姐妹俩就此分道扬镳。

002/

阿思退出了舞台，回归到了普通人的生活中，最初还有不少的人来围观她，可是普通太久了，早已围观她的人越来越少，大家都以平常的目光来看待她，人们早已忘记她曾经是明星的身份了。

阿研依旧过着光鲜亮丽的生活，在舞台上尽情绽放着自己，甚至毫不犹豫直接休了学，正式进入了娱乐圈。

只是好景不长，原本因为姐妹花渐渐过气，后来因为阿思的离开，阿研一个人跳一个人唱，更加不具备最初的特色了，久而久之，一直没有新的特色来吸引观众的她，也就渐渐被人淡忘。

尽管人气大不如从前，阿妍也没有想过要退出这个圈子，她舍不得这个圈子给她带来的名与利，同时，几乎她身边所有的人都知道她成为大明星了，现在回到学校里去，大家该怎么看她的笑话？

这个时候，身边有人建议她，如果想在这个圈子里长久的混下去，应该暂停一下自己，去学习、充实自己，有能力在，不怕没机会。

心浮气躁的阿研根本听不下去，她觉得在这个圈子，时刻争取露面的机会才是最重要的，一旦她离开，还有谁会记得毫无背景的她？

于是，演出少了，她就想尽办法去获得上综艺、演电视剧的机会，苦苦挣扎着。

这样她勉强在这个圈子又混迹了几年，虽然有机会在电视里露面，但是几乎没有人记住她。

有一次，她在某部电视剧里给人当小配角跳舞的时候，不小心从台上摔了下去，摔伤了脊椎骨，在医院里住了很长一段时间，也是在这个时候，阿研渐渐开始心冷。

在医院住院的时候，无论是护士还是病人，即使大家看她参演的电视剧，也没有一个人认出她来，因为她演的都是无关紧要的小角色，无论她怎么努力，也达不到当初出门必遭粉丝围堵的状态了。

更糟糕的是，因为之前风光的时候，她习惯大手大脚的花费，什么都要用最好的，花钱如流水，不懂得规划未来，然而几年下来，之前赚的钱渐渐都花光了。

近来，她接演的都是无关紧要的小配角，片酬少到可怜，根本无法支配起她高昂的生活费，不知不觉，她不仅卖了房子，还欠了很多的债，生活越过越窘迫。

她仿佛深深陷在一个泥潭里，再也找不回往日的光彩，只能苦苦挣扎，看不到未来的路。

003/

而阿思这几年在做什么呢？

高中毕业后，阿思就去了国外留学，凭着自己的努力，在国外的一所名校读研究生，毕业之后，就回到了家乡，在一家外企上班，年薪是当地平均水平的数倍，很多公司争着抢着想将她挖走。

在国外求学的时候，她认识了现在的老公，同样是一名高材生，比她还优秀，博士毕业，晚她一年回国，回国不到半年，两人就结了婚，工作跟婚姻可以说得上完美。

　　毋庸置疑的，阿思未来前途一片光明，纵然不会万众瞩目，但在普通的生活中，她绝对耀眼，而且，她身上的这种光芒随着时间的推移与沉淀，越发可贵，即使不是明星，她每天走出去不仅漂亮，还从内到外透出一种迷人的气质，那是从骨子里散发出来的自信，属于她独一无二的魅力与财富，谁都无法从她身上夺走。

　　我们身处在一个充满了利益诱惑的浮世，到处都是万花筒一样的迷人漩涡，一不留神就坠入其中，不能自拔。

　　当我们膨胀得太快的时候，其实应该放下追逐利益的脚步，沉下心来想一想究竟哪一种未来才适合我们？我们本身的价值，会创造什么样的未来？我们是不是应该提升一下自己，让自己跟上这个环境的步伐？

　　并不是说阿思放弃已经拥有的名与利，就是对的，阿研继续选择留在那个浮华的圈子就是错的。她们的选择没有错，但是她们的思想差异决定了她们的未来发展。

　　年纪轻轻便获得了名与利，这确实是一件幸运的事情，但事情绝非完美，因为这个时候她们不得不荒废学业，这原本就是一件要在取舍之间经过深思才能下定决心的一件事情，后来，演艺道路上出现弊端，也是给她们敲了一个警钟。

　　阿思跟家人经过深思熟虑，打算重新回学校深造，而阿研却因为舍不得，即使警钟敲响，她照样不愿意放弃。

当然，坚持自己的理想而不放弃，并不是说不对，问题是明明看到了弊端，却没有想过去弥补这个弊端，提升自己的能力，反而想用各种投机取巧，直到最后山穷水尽。

一个真正有实力的人，机会来临时，他必然会紧紧抓住，然后不遗余力的发挥，那么他肯定也会有所收获，一个实力不够不愿放弃又不断找机会的人，机会即使来临，到最后终将也会在他的手里成为泡影。

如果不想让精彩只在自己的生命中如烟花般转瞬即逝，我们必须时刻都不能忘记去补充空泛的内在，别说是有血有肉的人，就算是机器，也要及时充电才能正常运行。机器用久了也会老化，需要更新，何况是人？

我们成长在这浮世之中，不去计较名与利，那并不现实。

可正因为我们需要这些光环，所以，我们应该暂时放下眼前的一些利益，把目光放远，沉下心来，一点点沉淀累积。当我们足够充实丰富，我们的灵魂就会散发出独特的香气，超越外表的浮华，成就人性的魅力。

看似风光的背后，是无数的血和泪

墨陌

001/

那一天，夏诺打电话给我，跟我说："我买房了，用自己攒的钱。"

我开心得几乎跳起来，我好高兴，真的，比我自己买房还高兴！

感觉憋了很久的一口闷气，终于吐了出来。

夏诺和我是发小，我跟她都出生在繁华之都广州。在大部分人的眼中，广州本地人大都有钱，家里有房有车有存款。然而，夏诺不是，她从小到大，听到父母念叨最多的一句话是："我们家真穷！"

小时候，夏诺没有觉得贫穷是一件多么可怕的事情，她没有饿过肚子，一日三餐都能吃饱。但慢慢地，随着年纪渐长，家中一贫如洗的窘迫让她在同学之中显眼了起来。

同学们买面包和精美早餐吃的时候，她只能啃从家里带的窝窝头，午餐大家都去吃饭，她只能吃从家里带来的盒饭，在那繁华的大城市，夏诺的衣服总是洗了又洗，一件衣服已经洗得褪色却还在穿，如今的时代，甚至能从她衣服上找出来几个补丁，这在同学们眼中简直不可思议。

渐渐地，夏诺会发现一些同学在她背后指指点点，有钱的同学毫不掩饰对她的鄙夷。

夏诺十四岁的时候，暗恋班上一个男同学，她想不到别的对他好的方式，只能用心地做一些精致的点心，偷偷放到男生的桌兜里，她不图什么，觉得只要他笑了，她就可以开心一天。

直到有一天，男同学当着她的面将点心倒进垃圾桶，并且嘲弄地说了一句："嘿，瞧你这衣服，穿了几十年了吧？"

同学们哈哈大笑，嘲讽她癞蛤蟆想吃天鹅肉。

天鹅肉她从不想吃的，这个年龄她十分清楚自己的家境，她只想为自己喜欢的人做一些力所能及的事情。

夏诺将辛苦准备了一晚上的点心扣在了男同学头上，昂首挺胸地离开，然后一个人躲进厕所偷偷哭了一整天。

这时候她才明白她和同学之间的区别，但她很无奈，这种区别似乎从她出生的那一天起就注定了。

在她出生之前她父亲就欠别人钱，她父亲年纪轻轻去广州打工，可是却不思进取，花的比赚的多，直到结婚仍没有一分钱存款，他借钱结婚，借钱生孩子，借钱买了单位分配的一个小房子……

夏诺越长越大，家里的欠款越来越多，情况比以前更加窘迫。

母亲是个老实巴交的妇女，干着卖力气的活，却赚不到钱，家里一切家务都指着她，也没多少精力外出赚钱。母亲也曾劝说她父亲去学点手艺，可他总有各种理由推脱，干着只能糊口的活，整天抽烟喝酒发脾气。

母亲没办法，整天在家里除了怨天尤人，就是说自己命不好，才会落得这么凄惨的境地。

夏诺出生之后，父母就把所有的不好、不公平统统埋怨在唯一的女儿身上，他们责怪是夏诺的到来，让他们一家雪上加霜。

夏诺听着父母的抱怨，有时候也会心生怨气，觉得命运不公，为什么自己会出生在这样的家庭。

夏诺是个聪明的女孩，她觉得自己学着母亲那样怨天尤人，只会落得和母亲一样的下场。她试着用局外人的眼光来看待这一切，自己家的境况何尝不是父母自己的问题，他们从没想过改变自己的命运，也没有为此而努力过，如果富足美满，才是老天不长眼。

尽管她还小，但她暗自决定，不会让悲剧在她这里延续。

可是她不知道自己该怎么做才能改变这种窘境。

夏诺很聪明，却没有数学天赋，尽管很努力，可学习成绩依然游荡在中下游，但她的作文写得很好，她喜欢泡在读书馆里读书，她觉得自己从书里面学到了很多做人的道理。

　　有时候，她也会拿起纸笔，偷偷在本子上写点什么。

　　那时候，郭敬明的悲伤疼痛很流行，我作为夏诺仅有的几个朋友之一，建议她可以写点类似的文字，如果拿去投稿被选中的话，说不定还会有稿费呢。

　　她觉得这是一个好主意，既能发展自己的兴趣，又能给自己没希望的未来一点希望，但她不想写郭敬明那种风格的。

　　"我希望我的文字是快乐的，是充满阳光和希望的，就像我此后的人生一样，带给别人前进的力量。"夏诺说这句话的时候，眼睛闪闪发光，满满的都是对未来的憧憬和希望。

　　她用自己的信念去书写，并且拿给我看。

　　我看完觉得她写得真好，明明挣扎在底层，却充满了快乐和光芒，一点都不哀伤，可能并不符合目前流行的趋势，但自成一格，满满的都是正能量。

　　但这样的文字拿去投稿，我却不抱什么希望，毕竟，现在受欢迎的并不是这一类型，我隐晦地表达了我的建议，夏诺沮丧过，也动摇过，但最后还是坚持了自己的文风。

　　"如果我盲从，或许现在会被读者接受，会被出版社看中，但我可能写着写着就没办法继续下去，因为支撑我写作的信念是希望而不是悲伤。我渴望在这条路上走得远一点，远到有一天，我可以站在云层高处，俯瞰世间污浊和艰辛，那时候我才有资格去悲悯。"

我被她说服了，决定支持她走自己的风格。

可是不出所料，夏诺的投稿不是被拒就是石沉大海杳无音讯。

高中学业很重，学校经常补课，晚自习下课回家还有做不完的作业，熬到凌晨一两点是常有的事，而夏诺的父母更是把自己的希望都压在她的身上，将她学业看得很重，给她买了数不清的练习册和模拟考卷。

夏诺写作的时间越来越少，有时候写完习题都凌晨两点半了，她也狠心再抽半个小时去写点自己的东西。

但是她很累，真的很累。

早晨七点上课，不到五点半她就得起床做饭，不然就要饿着肚子。严重缺乏睡眠的她经常顶着黑眼圈上学，上课打瞌睡被老师点名批评，被老师扔粉笔头，可她仍然舍不得放弃写作。

夏诺每天只能课间休息的时候拿本子写东西，效率很慢，于是又建议她考虑下用电脑写作，效率高不说，也轻松很多。可是夏诺家的情况哪能买得起电脑。周末补完课，我就邀请夏诺去我家自习，那时她就可以用我的电脑写作，但时间太短，根本没什么作用。

后来，她自己想到一个办法，偷偷跑去求计算机课的老师，希望每天放学可以去电脑室借用一会儿电脑。

计算机课的老师问她原因。

"我想改变命运，用自己的双手努力。"夏诺盯着计算机老师，捧出厚厚一摞手稿，眼神坚定，"现在的我没有能力用别的方式，也没办法做得更多，但我可以比别人付出加倍的努力。"

计算机老师大概没想到一个十几岁的女孩子可以说出这番话，愣了许久，对这个瘦瘦小小的女孩另眼相看。

他拿过夏诺的手稿读了一两篇，仿佛深有感触，甚至成了夏诺的固定读者。从此，夏诺告别了寄信投稿的方式，一有时间她就跑到计算机教室写稿，速度提升了很多。

尽管艰难，可她还是坚持了下去。

当时我就很佩服夏诺，在所有同龄人只关心学习，或者八卦班上的谁谁谁是不是喜欢什么人的时候，她早早就认定自己喜欢做什么，以后要干什么，也为自己找好了出路。并为之坚持和付出。

但好景不长，很快，夏诺数学课上偷偷写作被老师发现了，数学老师教育了几次无果，老师直接给她父母打了电话。

那天正在上自习课，那个一脸蛮横的男人冲进夏诺的教室，抱着厚厚一摞手稿，当着全班同学的面，当着夏诺的面，一本本地撕！

夏诺发疯一样冲过去，想要保护它们，那可都是她熬夜，到处偷来的时间一个字一个字码起来的作品，她哭着喊着，可还是眼睁睁看着自己的心血变成一地废弃的纸屑。

夏诺坐在一地纸屑中痛哭失声。

她第一次觉得自己和梦想的距离如此遥远，隔着一重又一重山，她用尽全力都跨不过去，身后还有一群人把她拼命往下扯。

那段时间，夏诺一个字都没写。

我知道，这个坚强的女孩受了打击，她可能想要放弃了。

"真的要这样认命吗？"我问她，"你要想清楚，如果放弃，就意味着以后可能会像你父母那样过一生，想想你们家永远都还不完的债。"

夏诺没有回话。

我看到她的眼底一片荒凉，哪怕只是背影，都有种心如死灰的感觉。

我眼眶泛酸，这一年多，我看到她不顾一切的决心，也看到她付出了怎样的努力和代价，但这个世界就是这样，并不是你付出了就一定有收获。

002/

夏诺的小说在杂志上刊登出来的时候，没有一个人发现。

她在稿子后面留了学校地址，班级姓名，却没有留电话和邮箱，直到班里一个爱看书的女生发现杂志后面的署名和班级学校的时候，才确定杂志上那个夏诺，就是自己的同班同学。

女孩买了那本杂志，飞一样冲到教室里，边跑边喊"夏诺出书了，夏诺的故事被刊登了。"

一传十，十传百。

不到一小时的时间，整个年级的人都知道我们班上的夏诺是个会写小说的才女！她写的东西被一家杂志刊登了！

夏诺知道这个消息的时候，愣了很久都不敢相信，这一切对于一个高中生来说，简直像做梦！

她不敢相信在自己选择放弃的时候，坚持了一年多的努力有了收获，她拿着杂志看了一遍又一遍，散发着墨香的书刊上，确实印着她的故事和她的名字、学校、班级。

白纸黑字，明明白白。

而稿件刊登的时间，竟然已经是一个月前，这么久，她都没有收到消息，一直到计算机老师找到她，说在邮箱里看到一家杂志社的回复，她的稿件被选录，让她提供银行卡号以便发放稿费。她这才想起是自己用计算机老师搁置许久的邮箱投的稿，本以为对方会回信给她，却没想到对方只在邮箱留了言。

夏诺年龄小，还没有银行卡，她开心地跑回家跟父亲要卡号，满脸都是骄傲和得意。尽管父亲不相信，但当那一百六十块钱打入 y 银行卡里的时候，也由不得他不信。

夏诺以为父母从此会支持她写作，可是父亲却一味地打击她的热情：

"别以为一篇两篇的被刊登了，你就是大作家了，那是你运气好。你看你写了一两年，被选上的有几篇？还不够我买条烟，没点儿出息尽瞎胡闹！"

"能被选中一篇，那就一定有第二篇，我相信我可以的！至少，我可以为家里赚钱了。"夏诺跟父亲吵了起来。

"一百多块能干啥？我们供你上学学费都得多少钱呢，你吃的穿的用的哪一样不花钱！一天少在那瞎折腾，我和你妈把你送学校去，不是让你搞那些没名堂的。马上高三了，再折腾那些没用的，我把你那些破东西一把火烧了，明年要是考不上大学，要么出去打工，要么就赶紧找个人嫁了，还能换点钱还账。"

"我会好好上学，也会好好写字。但是这次我不会随便放弃了，绝不会！"夏诺和父亲吵完就跑了。

这次稿子的刊登给了夏诺无限的信心，她像宝贝一样翻看了一遍又一遍。她对自己的成绩太清楚，数学和英语无论她怎么努力都学不好，就算考上三流的大学，也不一定能改变她的命运。其实，她对大学很向往，比任何人都向往，可她努力了，却没有成效。

夏诺对我说："虽然我现在什么成就也没有，但我总觉得，写作可以改变我的命运……"

那时候，我就觉得夏诺这句话充满深意。

写作能改变一个人的命运吗？

我那时候年纪不大，也懵懵懂懂的，不知道怎么消化她说的话。

夏诺坚持写她的字，这一年，陆陆续续又有新的稿子被刊登，可是高考成绩出来，数学和英语拉了分，高考成绩不理想，但好在考上了一所三流大学。她不想去，想复读一年，可父母并不同意她复读，而是希望她可以早早出来打工，减轻家里的负担，她父亲开始帮她张罗相亲。

其实，夏诺那时候是很想上大学的，就算是上一个不好的大学，也比出来打工强。

"那破大学的学费竟然那么高，一年一万块，比重点大学还高一倍，上出来也没啥用，你既然不想上，就出去打工。不好好上学，一天就知道写写写，这下舒坦了，好学校也考不上，写那些东西顶个屁用！你如果不想打工，那也可以，我明天给你介绍一些条件不错的男娃，你早点嫁出去，到时候你爱干啥干啥……"

父亲将她骂得狗血淋头，彻底打消了她复读和上大学的念头。

那一年，夏诺已经十八岁。

她渐渐明白，为什么父母庸庸碌碌一辈子，不仅没有成为很好的人，也没有攒下什么钱。

他们的思想和格局太狭隘，从来不会为未来着想，他们活得太自私，也不愿多付出，或许这辈子，他们连成功是什么滋味都没有尝过吧。

他们活得太失败！

那一年，没有人知道夏诺经历了什么。

我暑假还没过完，就听说夏诺和父母决裂了。

当我听说夏诺没带一分钱，揣着一张杂志社寄过去的车票，独自一人离开广州奔赴湖南当一个杂志编辑的时候，我觉得夏诺疯了。

我担心她被骗，赶紧联系她。

"我以前给那边的杂志社投过稿，他们要的编辑门槛不高，我连大学都没考上，人家还愿意要我，甚至包办了我的车票和住宿，我已经很满足了。最重要的是，去那边不仅可以学习当一个编辑，提高自己的写作统筹能力，还能在下班时间写自己喜欢的东西。"有一句话夏诺没说，那就是："挣脱那个束缚了她前半生的魔咒，追求自己向往的人生。"

那才是她向往的天空啊！

可是，湖南那么远，对初入社会的我们来说是那么陌生。

夏诺还记得，她第一次踏上开往湖南的火车时内心的忐忑，那是她第一次出远门，也是第一次勇敢地为了梦想，奔赴完全未知的未来。

003/

夏诺饿了好几天，每天几毛钱一个的馒头都不舍得多买。

来到湖南之后，她吃了不少苦头，湖南这家杂志社的工资实低得离谱，原来对方愿意要她主要是看上她的稿子和文笔，以便有大量免费的稿件可以选用，而不用付更多的稿费。

有了专业系统的审核眼光，她的写作水平提升很快。

只是当夏诺有自己专栏的时候，甚至还挤在四人一间的集体宿舍里吃泡面，夏诺的名字被更多人知晓，她有了很多的粉丝，大家慢慢记住了夏诺的名字，却不知道这个阳光自信充满希望的女孩，此刻还拿着每月一千五的工资，吃着一块五一包的泡面。

她要偷偷地用别的名字给别的杂志社写稿，要加上稿费才能勉强生活。

夏诺很庆幸当初公司要跟她签长久的笔名和所有稿件的买断合约，她没有应允，当然，当时她想的并不复杂，她只是觉得自己以后可以飞得更远更高，这里只是她学习的一段历程，并不是她飞翔的终点。

后来日子实在过得拮据，她和公司提出，希望自己的稿子能有单独的稿费，但被公司一口拒绝了。

三年的合同即将到期，公司提出要和她续约，签订新的劳动合同，并且同意把她的工资增加到两千五百块。

她并不是傻瓜，在广州最基本的工资已经过万，虽然湖南是小城市，但基本工资也已高达三五千，如今的她已经羽翼丰满，可公司却依然想继续剥削她的劳动力，她觉得自己再一次受到了束缚。

她出来拼出来搏，并不是为了这几千块的工资，她想要的是改变命运。

她感恩公司的栽培，但却不想将自己最好的年华耗在这里，她毅然选择了辞职，重新找了一家出版公司上班，并且隐瞒了自己写手的身份，她有更多的精力可以专注在自己的文字上。

她看到很多作者都会在微博或者博客上发布自己的照片吸引关注，里面有一部分的作者，他们写得不怎么样，但就是很会营销自己，夏诺犹豫过，但最终还是否定了这个念头。

她不想做任何取悦读者的事情，她相信，是金子总会有闪闪发光的一天。

又过去一年多，我们快要大学毕业了，夏诺已经在出版公司又当了两年的小编。这几年来，她眼睁睁地看着很多同事因为薪水问题相继离职，半年一次的晋升机会，总没有她的份儿。

她也看到很多同事嫁得不错，老公都会主动买房子。

夏诺曾跟我说，她现在最大的愿望就是有个自己的小家，不用再住拥挤嘈杂的租房，可是时间过去了四年，她那么努力，却依然在底层挣扎。

夏诺现在也有了一万多块的存款，湖南房价还不高，她想在湖南买一栋自己的房子。四千多元一平，没有限购，她连房子都看好了，四十多平方米的小户型，首付只要两万块……

　　还缺少一万元，她想跟父母借。这几年，她陆陆续续也往家里寄了些钱，虽然不多，可算算也有两三万元了，都是她用稿费存下来的钱。结果，她的父母说家里连一万块也没有，让她打消买房的念头，然后就是一如往日的逼婚，哭闹诅咒，要求她立刻回老家。

　　再一次和父母的争吵中挂断了电话，夜空压抑低沉，她一个人蹲在陌生的街头嚎啕大哭，一个人冷静地擦干眼泪，一个人沉默地回到出租屋。

　　那一刻，夏诺的心里有着滔天的难过。

　　为什么自己辛辛苦苦地写作，却依然无法翻身，别的作家也像她这样辛苦度日吗？为什么她这么努力还是无法改变自己的命运？

　　她不甘，也考虑放弃自己的写作风格，跟着潮流走，或者直接去给人当枪手？

　　可一旦那么做，就觉得对不起自己的梦想，她不想成为金钱的奴隶，她曾经那么渴望希望通过写作来改变命运，怎么现在她又要再一次向跟命运低头？

　　不，她还不能低头，她现在还没有变好，是因为她还没有找到出路。

　　她感觉自己已经具备了成功了基础，缺少的是命运对她打开的那扇门，市场不断在变化，从悲伤到清纯，从简单到唯美奢华……

　　哪一天，读者才会喜欢她这样充满希望和斗志，不屈不挠，充满阳光和正能量的文字呢？

夏诺不止一次地想。

她的梦想，已经在现实的艰难中消磨殆尽了，她摔了无数的跟头，已经伤痕累累，无法再坚持更久了。

004/

错失了这次购房的机会，没过两年，长沙的房价涨了一倍又一倍，到后来还要限购了，从均价四千多每平方米涨价到一万二每平方米。

夏诺眼睁睁看着自己原本触手可及的梦想破灭了，如今的房价，已经不是夏诺能够企及的高度了。

失去了希望，夏诺反而发了狠，她想要心无旁骛地写作，从那以后，她索性把出版社的工作也辞掉了，在出租房里，不分日夜地写作，写短篇，写专栏，写公众号，写微博。

依靠自己仅存的工资过着孤注一掷的生活。

她想，如果这些存款花完还没有进展，她就回家，听爸妈的话，去找个人嫁了，此生不再做白日梦。

她一意孤行地辞了职，也没有告诉父母，也没有告诉朋友。长大以后，她觉得自己在这个世界上是最孤单的人，孤单地写作，孤单地拼搏，孤单地和命运对抗。

没有人知道夏诺那段时间是怎么熬过来的。

就连我也不清楚，我只有在微博看到她更新的时候，才知道她还活着。她的文字少了对未来的天真，多了对生活的感悟和沉淀，她成熟了很多。

她的转变让我担心。后来，我出差的时候，抽空去了湖南一趟，看到她瘦了好多，活脱脱的一副营养不良的样子。

我心疼得不行，也觉得命运何其不公，一个人努力到极限都不能获得成功的话，那怎样的付出才能有回报？

我曾崇拜她那么有天赋有才华，可现在才发现，若没有特定而苛刻的环境和成功的基础条件，才华也是一种负担。

到了现在，连我这个一直支持她的人，都觉得夏诺可以放弃这个所谓的梦想了，梦想不能让人吃饱饭呀！或许她找一份合适的工作，可以让她过得更轻松更快乐。

夏诺看出我的心事，反而安慰我："辞了职以后我才发现很轻松，我喜欢写东西，它能带给我许许多多意想不到的收获，我能更细致地感悟生命和人生，我很喜欢没有灵感的时候出去走走，感悟风，感悟雨，感悟烈日，感悟阴霾，原来这世间的一切，我从未真正去认识过。这些东西都是有重量的，有灵魂的。以前的我太肤浅，太注重文字本身，那是对文字的一种亵渎。你相信我，我现在才是最明白的时候，我很快乐。"

她虽然憔悴，可她的眼神闪闪发光。

我感觉，夏诺不一样了。

但又觉得她仍然和以前一样。

就像高中时，在所有人都反对她情况下，她仍然固执地坚持。她还是像以前那样，早早明白自己想要什么，于是坚定地朝着那个方向前进，从不退缩。

劝她放弃的话，我突然说不出来了。

夏诺大概是看出来了，她对我笑："你看，我不是还没到山穷水尽的地步吗？如果真的到了那一步，我会回去的。"

作为她唯一的朋友，我有什么理由不去支持她呢？

后来，毕业之后我去了北京发展。

一年以后，无意中听到同事在讨论一个当前很火的作者，她的名字叫夏诺。

我原以为是同名，直到收到了夏诺寄给我的样书。

真的是她！

她成功了，一本女性励志合集，在上市之前已经引起轰动，无数读者在她的微博留言关注，点击率很快超过了几百万，甚至上千万。

她的文章总算受到了媒体和出版商的关注和青睐，她成功出版了自己的第一本长篇作品，并且引导了市场潮流，充满正能量的励志图书如雨后春笋一样冒了出来。

紧接着，第二本、第三本……

她以前的稿子都被万能的出版商翻了出来，做成合集，一套套精美的图书飞向全国各地，她的粉丝成几何倍数增长着，夏诺的名字竟然在短短的时间内传遍了大江南北。

以前的同学纷纷联系上她，给她祝福并且支持她的新书，每次她出新书，我们这些老同学都抢着帮她在朋友圈里打广告。

她的父母出门都会被艳羡的目光包围，这辈子他们第一次感觉到脸上有光，在他们嘴里那个永远都没出息的女儿成了他们炫耀的资本。

公司开始重点包装她，她的照片、签名、祝福都成为粉丝抢破头的纪念品，她收到了大笔的稿费，每一次图书的加印数据，对她来说都是金灿灿的人民币。

她光鲜亮丽，被无数人羡慕着，仰望着。

只有我知道，这看似风光的背后，灌溉了多少的血和泪，这是一个少女倾其所有，用她的青春播下一颗梦想的种子。

而现在，这颗种子开花了。

夏诺终于拥有了一套完全属于她自己的房子，阳台种满花草，明亮的窗户，窗外阳光明媚的天空，窗前奋笔疾书的少女脸上，有着温暖从容的笑容。

年轻时过得有多安逸，岁月会加倍还给你

芴香初

001/

简绮终于要结婚了，可是婚期却因为房子的事情耽误了下来。

最近，她和未婚夫争吵不断，感情也因为争吵降温了许多。简绮希望自己和未婚夫罗大志结婚前能有自己的一套房，没有办法付全款，但首付对他们来说压力还是不大的，更何况简绮父母愿意支持他们，替他们付一半的首付款。

可是罗大志不愿意。

罗大志觉得现在房价那么高，买了房子每月那么高的房贷，压力太大，还不如租房子来的实在。反正现在的房子也只有七十年的产权，租个七十年，成本可以节省一倍，何苦把自己累得半死半活，背负那么大的生活压力。

为这事两个人几乎天天吵架，婚期因为房子的事定不下来。而买房

这件事，简绮是铁了心一定要买的。

其实对于大多数女生来说，房子代表的是一个家，代表的是感情的归宿。特别是简绮，从大学毕业参加工作后，就一直住在出租房里。刚毕业没钱的时候，就合租。一个大房间隔成几个小房间，有单身的也有一家三口的，几户人家共用一个卫生间一个厨房。每天早上起来就像打仗一般，稍慢几秒就很有可能因为等着用卫生间导致上班迟到。更让她无法接受的是隔壁两户单身的男孩子，垃圾堆在门口不说，夏天在家穿着一条内裤就走来走去，丝毫不考虑房里还有女生。最令她无法接受的是上厕所这件事，常常一推开卫生间的门就有各种"惊喜"等着她，不冲马桶绝对不是最恶心的事。

忍无可忍给房东打电话，可是房东哪里管这些，顶多来收房租的时候说上他们几句，就过去了。

后来慢慢生活条件变好，简绮第一件事就是换房，自己一个人租了个小区里的套间，那种一个人布置小套房的喜悦感至今她都还记得。可是好景不长，刚入住了几天，楼上就开始不安生。清晨 5 点，楼上就传来一阵急促的"咚咚"声，仔细一听上面正在跳绳呢！晚上大半夜也不睡觉，不知道在地板上敲些什么。简绮原本就是一个对声音比较敏感的人，入睡困难，现在更加难以入睡，好不容易睡了一会儿，楼上又开始晨练了。

去楼上说了好几次，楼上态度倒是很好，嘴上说着不好意思，可就是死活不改。后来只能打电话向房东求救，房东让她直接去找物业。可依旧投诉无门，尽管她和物业说了很久，可是人家是住户而她是租户，只得忍着。

这样的感受，她不相信一样在外打拼的罗大志会不懂，更何况他们在一起之后也曾遇到过这样的事情。

那时候也是刚搬到一个环境比较好的小区里，她将小屋布置得十分温暖，罗大志也说一个出租房被她整理得比家还要舒服。可是刚住没多久，房东就要把房子收回去，理由是他儿子要结婚了，不再出租了。

002/

其实大部分在外打拼的人，都是租房。而租房的感受，大家也都差不多。

每天看房东脸色生活，明天永远没有着落，漂泊在没安全感的世界里，随时准备搬离居所，一个人尚且能忍受，若结婚了仍然租房度日，拖家带口，连孩子都不敢要。万一房东有个什么事，让立刻搬走，临时要是找不到合适的房子，难道一辈子都要活在搬家的阴影里吗？

搬一次家，简直是要一次命。

这就是简绮拼命工作的原因，她不想再继续过这样的日子。所以她努力，想要为自己换得一个更加安稳的生活环境，本是无可厚非，可在罗大志的眼中就变成了"要求太多""太事儿了"。

两个人谁也说服不了彼此，简绮生气的是，房租每月最少两千元左右，而在中等城市的房贷最多也就翻个倍，就为了一个月几百上千块钱的轻松，宁愿一辈子居无定所？

更何况，自己父母都愿意出一半的首付，再加上两个人的存款付首付完全没有问题。往后的日子也许不能像现在这样随心所欲，可是他们都还年轻，升职的空间也很大，日子只会越过越好，每个月还贷对他们来说压力也并没有这么大。

可罗大志坚决不同意买房。

他的理由是，不想成为房奴，更不想因为房子降低生活质量，原本可以活得很轻松，平时有很多的时间可以做自己想做的、爱做的事，可以陪伴孩子陪伴家人，一旦有了房贷，每月还贷的日子就成了架在脖子上的一把刀，万一有个意外到时间了没钱还贷，全家人都会笼罩在阴影里，他不想牺牲家庭幸福去换取一所没多大价值的固定财产。

他觉得家人幸福、轻松、快乐比被压力鞭笞着往前走更有意义。

是否买房已经变成现下年轻人一大难题。有人主张也有人反对，各有各的理由各有各的观点，简绮生气的是明明有能力买房，只要节约一些就可以有稳定的住所，可是罗大志却不愿意。

她清楚，罗大志害怕压力，这也是他在职场上一直停滞不前的原因。他总是说，人生是要享受的，如果像简绮那样只顾着打拼那还有什么乐趣可言？可人一旦在安逸的环境里待久了，享受着安稳，每天混混日子，打打游戏，散散步，看看小说，没有任何压力，这辈子就很难再有突破了。

"难道有了孩子也还要租房吗？"简骑问。

"那就换个大一点的房子租，多少人租子都活过来了，怎么你就过不去了？"罗大志理直气壮。

她想起以前自己租单间的时候，隔壁有一位50多岁的大叔，一个人住在靠走廊的那个房间里。那条走廊是出门必经之路，而房间唯一一扇窗户还是靠走廊这边。开了窗就没有隐私，不管别人起早或晚归一定会打扰到他。关了窗就不能透气，夏天开着风扇都没有用。这样的日子，简绮是绝对想要的。

003/

其实压力是让一个人成长最好的办法，就像我们想要换手机了就会想着如何去多赚一些钱或是节约一些钱下次再买。可如果不想改变，只享受着现在拥有的一切，没有丝毫追求，日子就真的会比较轻松吗？也许现在是轻松，可长久的将来，岁月就会告诉你只图安逸的日子有多可怕。

当身边的人一个个买房换车、买包做头发。再看看自己彼时的模样：刚够度日的工资，永远不变的职位，想要提高自己，却没有提高的绝对理由，还不如提前躺床上刷刷爱情剧。突然觉得不安想要开始改变，却发现还没坚持一天就已经放弃，因为太习惯安逸所以很难再改变。

此刻看着那些距离自己越来越远的人，除了羡慕只有自我哀叹，因为那些人，曾经过着和自己一样的日子。

可是什么时候，他们就跑到了自己前面去了呢？

租房省下来那么多钱，是不是存款多了几位数呢？

并没有。

大概率来说，不求上进的人一般没有什么长远的计划，只图眼前的安乐。就像罗大志，不交贷款的那些钱真的就会存下来吗？并不会，他会用作和朋友同事聚餐、玩游戏买装备，甚至有时候根本回忆不起来钱到底用到了哪里。

安逸会让人对此刻的生活越来越妥协。

压力会提升人赚钱的能力，提升人对生活的品质要求。

不求上进的人，透支的是未来的安逸。

004/

买房，只是其中一项。就像简绮说的，很多人租房日子照样过得很好，甚至很多明星都不买房，因为不合算。可如果用这个理由来当自己不求上进的借口，就未免太可笑了。不买和买不起，这其中的区别不言而喻。

宁愿先苦后甜，也不要在年轻的时候光顾着享受生活，而在年老时后悔光阴虚度。人生总该有点追求，哪怕这个追求只是别人眼中很俗气的"过上好日子""买辆安全性能更好的车""有一套属于自己温馨的小家"。

最终，简绮还是买了房子，虽然罗大志极力反对，连同他的家人一起给简绮"上课"，说没有必要让他们的儿子背负上这么大的压力。但她还是买了，用自己的存款加上父母支持的钱，买了一套独属于她自己的房子。

后来他们究竟怎么样了我不知道，但是一个能够清楚自己想要的并且为之去努力的女生，我想她的未来一定不会过得太差。

现在有太多种方式可以让我们的生活变得更好，就如同我们想要买个大件的物品，网上购买分期付款就可以减轻我们一次性付款的压力。这方便了人们的生活，却也让很多人生了惰性。总觉得无需努力了，因为想要的东西很容易就可以到手。可这样的惰性一旦生出，就很难再有进步的空间了。

一直很羡慕隔壁邻居，那是一对老夫妻，他们的孩子在市中心买了房子，平日里很少过来，只有两个老人一起过日子。平常弄弄花草，听听广播。有时候一起下下象棋，有时候老头儿扶着眼镜跟着手机生涩地念着英文句子，老奶奶捧着书在一旁看。优雅又安稳。他们准备出国去玩了，所以老爷爷要重新捡起扔掉几十年的英语，为出去玩做准备。

在我们羡慕的时候，他们总是笑着说："有什么好羡慕的？你们现在才值得羡慕，我们那会儿哪有这样的条件？现在学什么都方便，想做什么也方便，赚钱的机会也多了。你们看着我们现在觉得安稳，哪知我们从前受过的苦。"

岁月的痕迹会将一个人的故事刻在他的脸上、手上，也会刻在他的气质和素养上。现世安稳哪有这么轻意就得到，若真有轻意就得到的也未必懂得珍惜，更别谈其中的感受。

人生是该及时行乐，但你年轻时过得多安逸，岁月总会将你该吃的苦如数奉还。

就像买房，谁不愿意拥有一个自己的房子，昂贵的价格让很多人止步，也让更多人为之努力。无论是买房或是其他，只有当自己拥有更多资本时，才有选择的资格。

就像那些努力着、牺牲着，失去着的人们，在压力之下不断地成长，能力不断地提高，他们跑得越来越用力，也越来越轻松。

所有成功者，到最后都会感谢那段备受煎熬的日子。

经历了别人未经历过的磨难，就会拥有别人无法企及的人生

墨陌

001/

晓晴是我的大学同学，她在我那些同学里是最温柔也是最有能力的人，如今出了社会这么多年，大家都拼出了一些成绩。有些成了老板，开了自己的公司；有些在全国开起了连锁店；有些成了高级设计师，名利双收；有些成了高管，月薪过万；还有很多人默默无闻，做着一月几千收入的工作。更多的女性同学都嫁了人，做了家庭主妇。

而晓晴，进了一家大型企业，月薪两万多，不算最好也不算太差。可是大家却纷纷觉得晓晴特别可怜，过得很不好。

晓晴今年34岁了，美貌与才华集于一身的她，却连一次初恋都没谈过，她成了同学们眼中的剩女，很多人谈起她的时候都是用同情或者嘲讽的语气。一个女生，无论自身多么优秀，仿佛到了一定年龄没嫁出去，就成了前半生最明显的污点，她们觉得，你要是够好，怎么会没人要呢？

但很多人忽视了女性自身也是有选择权的。

所以，当所有人都同情并担心晓晴终生大事的时候，晓晴自己却不以为然。

我曾开玩笑问她："是不是你自身太优秀，一般人入不了你的眼？"

晓晴笑得很洒脱："还真被你说对了一半。我觉得自己谈不上优秀，但并不差，我并非要找一个能力多好，多有钱，多厉害的男人相伴一生，但至少，这个男人得让我认同让我觉得欣喜而充满希望，而不是因为年龄到了急急忙忙就嫁了，最后找一个各方面都合适，但却只是凑合过日子的人，你说我需要这样的人吗？如果是这样，我一个人不是更自由，我的内心并不弱小，所以不需要一个只是搭伙过日子的伴儿。而且，像我这么优秀的人，总会有人欣赏的，不是么？"

我哈哈大笑，觉得她真是女中豪杰，以前跟她玩得来，也是因为她豪爽的性格，大大咧咧又充满自信，温柔细腻又理性睿智。但这样优秀的女子，什么样的男人才能够驾驭？我觉得晓晴在感情这条路上还有得走。

上大学的时候，我和晓晴关系最好，所以对她的过往了解得更清楚，她家里条件不好，爸爸做生意失败欠了很多债，从小爸妈出去赚钱，照顾弟弟妹妹的活就落在她的肩膀上，很小的时候，她就比同龄人更稳重懂事，个性也因此而越来越好强。小时候，她的好强和懂事经常被亲戚朋友夸赞，她永远是被别的家长用来教育自己家孩子的典范，但长大了，她的好强稳重就成了一种负担。

经常有男孩子议论，说晓晴长得漂亮，可就是性格太好强了，和这样的女生相处太累，但谁又知道晓晴从小到大吃的那些苦。

小时候，下雨天，爸妈不在家，她背着妹妹过水沟，哪怕背不动，也要咬着牙强撑，小小的肩膀为弟弟妹妹扛起了一片天。还没有锅台高的小女孩，每天给弟弟妹妹做饭洗衣，这在我来看，简直有些不可思议，想当年我初中的时候都没摸过锅铲，很难想象晓晴经历了多少事情，才养成今天这样好强的性格。

刚毕业的时候，我们一起应聘校园招聘，我们都被一家公司看中。大家都很高兴，可是到了公司才知道，我们有的被分到了流水线上，有的被分去看管仓库清点进货，好一点的也是被分到检验员。大家都是设计专业毕业，应聘的也是公司的设计师，哪能受得了这份委屈，大家纷纷辞职，只有晓晴留了下来。

我也是从这时候和晓晴分开。

自那以后，我们联系就少了，我走之前，晓晴在流水线上给内衣裤子锁边，上标签，做着最累最杂的活，每天还要加班到很晚，有时候急活赶起来忙通宵都是经常的，而楼上那些设计师，每天来公司晃晃，交一些所谓的作品就不知道溜达到哪去了。

当时我不明白晓晴为什么不走，她的设计水平是所有人里面最优秀的，以她的作品，我相信无论去哪个公司都可以站住脚。

后来我才知道应届毕业生没有谁比谁更容易，运气好点应聘到相关的专业已经很不错了，我应聘了很多家，接连受挫，干脆直接换了行业，走上了文学这条路。

一年后，我听说小晴已经专门负责流水线的检验工作，而且负责参与一些设计师的作品打板，我们很多人对此嗤之以鼻，混了一年连设计师助手也没混到，工资也没涨多少，还不如我们一些跳到其他行业的，大家都为晓晴不值，觉得好好的人才被埋没了。

又过了一年的时间，晓晴跟我说，她现在已经参与那家公司的设计工作，工资也有五六千了。我很为她高兴，但是我的内心还是有些扼腕，毕竟像我们在其他行业做了两年的工资也不止六七千，而且出来跑了两年，也开拓了眼界和见识，这才知道我们最早进的那家公司，其实规模并不大，只是一个很小规模的服装厂。

不过晓晴能做自己喜欢的行业，这才是对她最大的安慰。

再后来和晓晴的联系渐少，中途偶尔听谁说她已经做到那个公司的主席设计师的位置，但又怎样呢，一个小公司的主席设计师，待遇、发展、前景都好不了多少。后来又听说她接连跳槽，我觉得她这个槽也跳的太晚了点，不过好在她总算想通了。

002/

　　一次偶然的机会，大学同学有人建了个群，我和晓晴又有了联系，这才知道她跳槽的原因并非是我想的那样，而是她觉得在那个公司能学习到的东西都已经学到了，限制她发展的不是公司的规模，而是能够让她成长学习的知识。

　　我有些不懂，直到我们聊到现在的工作和待遇，她已经月薪三万元以上，而我还是一年前的一万元左右，到了一个瓶颈，我的待遇很久都没有变化过，我的工作能力和内容和很久没有突破，觉得这份工作越来越枯燥无味，却又因生活的窘迫不得不让这种枯燥持续下去，形成了恶性循环。

　　而且，设计专业的知识也被我搁浅，我被限制在这一行，失去了再次提升的机会。

　　而晓晴，却在高层次的设计圈子不断地学习和提升，她还在继续成长，而我已经失去了成长的能力，除非我有勇气像晓晴一样放弃自己这些年拼来的经验和积累的人脉资源从头来过。

　　说实话，我没有勇气。

　　可是晓晴就敢。

　　她每到一家设计公司做到顶尖的时候，就敢说放弃就放弃，去一家规模更大，品味更高的公司重新学习，而且会以最短的时间，站到设计师行业顶尖的位置，因为她有那个自信和能力。

女怕嫁错郎，人怕入错行，我的行业高度是可见的，而设计一行的高度一层总比一层高。

同学们都在羡慕晓晴的勇气和自由，可是她们却不知道晓晴当初熬过怎样的艰辛。她从最基层的工作一步步走过来，对设计把控得更精准，对服装了解得更透彻，她用汗水和努力让自己成为精英，为自己奠定了不败的基础。

一次，我对晓晴说："当初，你比我们任何人都有勇气，能吃苦，能坚持，你选择留下，却成全了自己。"

可是晓晴却笑了，她说："你把我看得太神话，其实我当初和你们一样懵懵懂懂，就是一个刚出社会的小女孩，哪有这么多高深的思想去贯彻，逼着我留下来的是生活的窘迫，我当时迫切需要一份工作去养家，你们失去那份工作，还有家里人的支援，可我失去那份工作，可能连口饭都吃不上了。而且，我的弟弟妹妹需要我立刻拥有赚钱的能力，那是我的磨难，不是我的坚持。"

我目瞪口呆，我曾想象的那些光芒闪闪的词汇，原来只是一句生活所迫，她只是经历了别人未曾经历过的磨难，所以才拥有了别人不能企及的人生。

"那么后来呢？后来你有了那么高的工资，却也一直没有放弃，还不断提升自己，这该是你自己努力和坚持吧？"我不甘心地问道。

"人总是要长大的，生活中的磨难会告诉我们，哪些事需要坚持，哪些利益可以放弃，你说得对，现在的我真正拥有了选择的能力，可我依然选择在这条路上走下去，因为我已经看到未来的道路一片光明。"晓晴笑得很自信，"而且，我看得出来你现在有些困扰，我想跟你说的是，人生没有永远的收获，有时候，磨难和失去才是你通往成功的转折，该放手的时候，不要怕疼，更不要怕失去，但并不是让你盲目地放弃自己的成果，而是要有敢想敢试的勇气。磨难不会杀死你，安逸才会。"

磨难不会杀死你，安逸才会。

晓晴的这句话让我心头重重一震，我突然明白了自己这几年毫无进步的原因，得到的越多，越害怕失去，越害怕失去，越故步自封。我或许真的应该想想，自己以后的路该怎么走，自己想过什么样的生活。

003/

我还有个同学肖云，毕业的时候压根没有去参加校园应聘，他选择了自主创业。

先打算做小型的服装厂，后来因为经验不足，没多久就败光了父母给的创业资金。没办法，他只好进入一家小公司从基层做起，基层的工作总是比较苦比较累，他每次都做不久，很多朋友同学都觉得他吃不了苦，又没能力，是在瞎折腾。

可来来回回的折腾，也让他明白了一个公司的基础运转模式。

他靠着仅剩的一些资金，又哀求父母，拿出房产抵押贷款几十万，试着重新干起自己的事业。这一次资金虽少，但他各方面节省开支，公司却很快有了起色，并运作起来。但小公司想拿到单子太艰难，服装生产出来，长久滞销，好多次都面临倒闭。在最艰难的时候，肖云多次想过要放弃，他打电话给我，说是如果这次创业失败，他真的没有勇气再来一次。

我问他："为什么不在别的厂子里多学点经验再自己干，而且那么频繁的跳槽，能学到什么？踏踏实实才是最好的起步。"

他没有说话，只是用手机发来了几个短视频。

那是很简单的记事本，上面标注了他待过的公司的运作模式、管理模式、生产流程以及客户资料。我愣了愣，这才明白在别人眼里那个吃不了苦，频繁跳槽的肖云那时候在做些什么。

只是有了客户资料也没多大作用，他的小工厂不出名，根本没有人跟他订货。

多少次，肖云看着堆积的货品喝得烂醉如泥，没有人知道他顶着多么大的压力，没有人知道他多少次在寂静的夜里痛哭流涕，他知道，这次失败的话，他就彻底完了。她开始怀疑自己的选择是不是错了，如果一开始像别的他那同学一样步入职场，他也会有很好的发展，以他的设计能力，在设计师行业混出头并不会太难。

可是他选择了一条更加艰难的道路。

这一次他若失败，不但背上高额债务，父母也会受到牵连。

他自责悔恨，本以为这次一定万无一失，却没想到相同的路，不一定每一个人都能走得通。

他觉得自己又一次要为自己的轻率买单了，有时候他觉得，是自己太过冒进，有多大的能力，做多大的事，可他选择了冒险，拿父母一辈子的努力和积蓄去冒险，他后悔了，觉得自己真不是个人。

他跟我熟，有时候，他甚至想从几十层的高楼一跃而下，生活太难，生存太难，努力太难，他不明白自己这条路为什么走得如此坎坷。

我听得一阵心惊，怒斥道："你已经知道自己走了错误的路，自己买不了单，所以痛苦和债务都打算丢给你父母去承担吗？他们有什么错？要替你承担所有的过错，还有承受失去最爱的人的痛，如果你真的选择一了百了，我这辈子都看不起你。回家去吧，好好看看你爸妈那张苍老的脸，自己犯的错，却让你最亲的人承受结果。肖云，你记住，只要活着，你还有资本翻盘，可若是死了，你什么都没有了。"

电话对面沉默了很久，传来的只有低低的压抑的哭声。

004/

作为肖云的好哥们，他面临如此窘境，我不能坐视不理。联系了几个比较要好的朋友商量对策，还是晓晴出的主意，她说，他们旗下公司，目前最盈利的已经不是门店了，而是网上的品牌旗舰店，让他可以走网络渠道试试。只不过现在的客户只认品牌，有质量保障，没名气的小公司恐怕没那么容易立足，除非走廉价市场渠道，但廉价市场又支撑不起肖云做的高品质服装的成本，可能这条路行不通。

我眼前一亮，觉得左右总是个办法，立刻把这个想法告诉肖云，哪怕没有立竿见影的效果，但总比坐以待毙强。

现在已经是一个互联网 + 的社会，只要有想法，有办法，好东西总会闪光。

肖云也是被点醒了，他目前资金已经到了山穷水尽的地步，只好先在淘宝注册了自己的店铺，然后想办法让自己的产品出现在消费者眼前，以极好的质量，极低的价格定期做活动，不断发展新客户，并想办法让这些客户留下来。

肖云公司每一件服装的设计都是由他亲自设计手，细节精益求精，质量也很不错，很快就有了固定的消费群体和回头客，哪怕没有资金在天猫立足，肖云的淘宝小店依然有了不错的销量。

一边学习，一边发展，他每一步都走得谨小慎微。

　　不到一年时间，以前滞销的产品几乎全部售罄，并且出产了很多新款服装。他用资金在天猫注册了自己的旗舰店，自产自销，而且始终贯彻质量和品质至上的宗旨，他的小厂子生产的服装，受到很多消费者的喜爱，服装厂也越做越大。

　　我预见了他的成功，我为他的努力和坚持感到高兴，也明白这一切来之不易。

　　没有一个人的成功来得轻而易举，所有光鲜的背后，都有不为人知的血泪，肖云经历了常人未曾经历的苦难，以后的日子里，他一定会吸取教训，不再犯同样的错误，摔得越疼，以后的道路也就越顺畅，我相信，要不了多久，他一定会拥有旁人无法企及的人生高度。

图书在版编目（CIP）数据

在该打拼的年纪选择稳定，这辈子你穷得果然很稳定/
武芳芳主编. -- 南京：江苏人民出版社，2019.4
　ISBN 978-7-214-23021-8

　Ⅰ.①在⋯ Ⅱ.①武⋯ Ⅲ.①人生哲学—通俗读物
Ⅳ.①B821-49

　　中国版本图书馆CIP数据核字(2018)第290405号

书　　　　名	在该打拼的年纪选择稳定，这辈子你穷得果然很稳定
主　　　　编	武芳芳
责 任 编 辑	卞清波
装 帧 设 计	一个人·设计
出 版 发 行	江苏人民出版社
出版社地址	南京市湖南路 1 号 A 楼，邮编：210009
出版社网址	http://www.jspph.com
印　　　　刷	天津旭丰源印刷有限公司
开　　　　本	880mm×1230mm　　1/32
印　　　　张	7.5
字　　　　数	160 000
版　　　　次	2019 年 4 月第 1 版　　2019 年 4 月第 1 次印刷
标 准 书 号	ISBN 978-7-214-23021-8
定　　　　价	45.00 元

（江苏人民出版社图书凡印装错误可向承印厂调换）